老城湘味

甘智荣　主编

江苏凤凰科学技术出版社

图书在版编目（CIP）数据

老城湘味 / 甘智荣主编 . -- 南京 : 江苏凤凰科学技术出版社 , 2018.7

ISBN 978-7-5537-9294-1

Ⅰ . ①老… Ⅱ . ①甘… Ⅲ . ①湘菜 – 菜谱 Ⅳ . ① TS972.182.64

中国版本图书馆 CIP 数据核字 (2018) 第 107074 号

老城湘味

主　　编	甘智荣
责任编辑	葛　昀　刘　尧
责任监制	曹叶平　方　晨
出版发行	江苏凤凰科学技术出版社
出版社地址	南京市湖南路 1 号 A 楼，邮编：210009
出版社网址	http://www.pspress.cn
印　　刷	北京旭丰源印刷技术有限公司
开　　本	718 mm × 1000 mm　1/16
印　　张	13
字　　数	177 000
版　　次	2018 年 7 月第 1 版
印　　次	2021 年 11月第 2 次印刷
标准书号	ISBN 978-7-5537-9294-1
定　　价	39.80 元

酸辣两相宜

印象中，想起湘菜的第一感觉就是那种干辣的味觉，似乎吃一口，便能辣到涕泪横流。湖南人嗜辣，全国知名，甚至超过同样嗜辣的四川人。其实，只说辣并不准确，因为辣通行于中国西南地区。但他们的辣又不尽相同：四川是麻辣，贵州是香辣，云南是鲜辣，陕南是咸辣，湖南是酸辣。同为辣菜的代表菜系，如果说川菜是“无辣不成菜”，那湘菜就是“酸辣两相宜”。与川菜的热烈、张扬不同，湘菜显得内敛和悠长。“以辣为主，酸蕴其中”是湘菜的味觉印象，辣的热情与酸的内敛相互交织，把湘菜之味演绎得淋漓尽致。

随着都市人的“食心”越来越浓烈，舌头也会变得愈加新奇挑剔，但遍地开花的湘菜馆足以证明湘菜的独特魅力。提到湘菜便让人口水四溢，味蕾反射着湖南辣椒带来的舌尖辣味跳跃的独特感觉，湘菜的酸辣香鲜让人回味无穷。

“吃湘菜上瘾”，许多第一次吃湘菜的人都有这样的感受。湘菜在质感和味感上注重鲜香酥软，在制作上以炒、蒸、炖、腊、熘见长。炖讲究小火烹调，以汤清如镜为佳；腊味制法包裹烟熏、卤制和叉烧，其中烟熏制品，如腊肉、腊鱼等既可作冷盘，又可热炒；炒则突出湘菜的鲜、嫩、香、辣的特点。总之，最正宗的湘菜以油重色浓，主味突出，酸、辣、香、鲜、甜见长。

无论是爽脆可口的小凉菜，还是辣味儿十足的下饭菜，或者是充满故事的湘菜经典，《老城湘味》都进行了详细精心的收录。近 80 道湘味菜品，简单的材料，详细的步骤，精美的图片，还有烹饪专家细心地解析，让你看着舒服，学着方便，做得快捷，只要你热爱湘菜，总能找到一款你的最爱。

阅读导航

菜式名称

每一道菜式都有着它的名字，我们将菜式名称放置在这里，以便于你在阅读时能一眼就找到它。

辅助信息

这里标记着这道菜的烹饪时间、口味、营养功效及适用人群。

美食故事

没有故事的菜是不完整的，我们将这道菜的所选食材、产地、调味、历史、地理、饮食文化等信息留在这里，用最真实的文字和体验告诉你这道菜的魅力所在。

材料与调料

在这里，你能查找到烹制这道菜所需的所有材料和调料名称、用量以及它们最初的样子。

菜品实图

这里将如实地为你呈现一道菜烹制完成后的最终样子。菜的样式是否悦目，是否会勾起你的食欲，一览无余。此外，你也可以通过对照图片来检验自己动手烹制的菜品是否符合规范和要求。

豆角烧茄子

2分钟　美容养颜
辣　女性

湘妹子不怕辣，靠的就是湖南妈妈的辣椒菜。豆角烧茄子，越是家常越好吃。这道菜从色彩上来说不是最出众的，从做法上来看也不是最讲究的，论口味，也不是什么传世名菜，然而它朴素之中却有着让你一吃就停不下口的魔力。这道菜无论是一点点地细品，这道菜还是一口接一口地大嚼，都不会让你失望。

材料		调料	
茄子	150克	盐	2克
豆角	100克	白糖	1克
干辣椒	2克	味精	1克
蒜末	5克	鸡精	1克
		食用油	适量

58 老城湘味

步骤演示

你将看到烹制整道菜的全程实图及操作每一步的文字要点，它将引导你将最初的食材制作成美味的食物。

食材处理

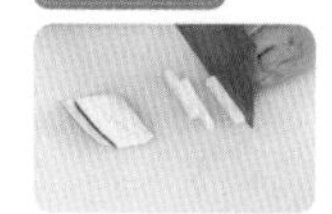

❶将去皮洗净的茄子切成条。

❷将洗净的豆角切成约 4 厘米长的段。

❸炒锅注油，烧至五成热，倒入茄子炸 1 分钟。

❹炸片刻至熟透，捞出备用。

❺放入豆角炸约 1 分钟至熟后捞出备用。

❻将炸好的茄子、豆角装入盘中备用。

做法演示

❶锅注油烧热，倒入蒜末、洗好的干辣椒爆香。

❷倒入炸熟的茄子、豆角。

❸加入盐、白糖、味精、鸡精。

❹拌炒至入味。

❺盛出炒好的豆角茄子即成。

食物相宜

强身健体

茄子

＋

牛肉

清心凉血，可防治心血管疾病

茄子

苦瓜

食物相宜

结合实图为你列举这道菜中的某些食材与其他哪些食材搭配效果亦佳，以及它们搭配所能达到的功效。

制作指导

- 豆角在烹调前应将豆筋摘除，否则既影响口感，又不易消化。
- 豆角的烹煮时间宜长不宜短，要保证其熟透。

养生常识

★ 豆角能使人头脑宁静，调理消化系统，有解渴健脾、益气生津的作用。

第 2 章　湘味素菜 59

制作指导 & 养生常识

在烹制菜肴的过程中，一些烹饪上的技术要点能帮助你一次就上手，一气呵成零失败，细数烹饪实战小窍门，绝不留私。了解必要的饮食养生常识，也能让你的饮食生活更合理、更健康。

第1章
火辣辣的满口“湘”

第 2 章
湘味素菜

第 3 章
无肉不欢

第 4 章
禽蛋上桌

第 5 章
鱼香虾辣

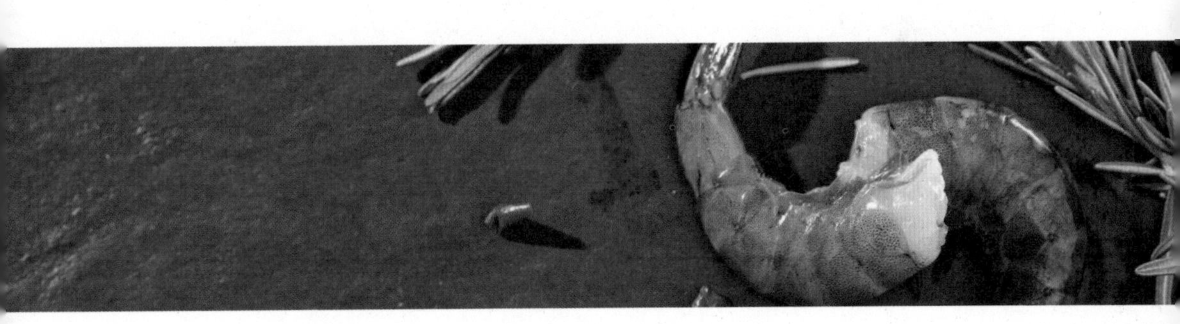

附录

第1章

火辣辣的满口“湘”

说起湘菜，总会很自然地让人想起那火红的“辣”，那是小红尖椒、小干辣椒、剁辣椒编织的味道。每一口香辣下肚，都会让口腔麻痹许久。但也有人说，喜欢辣，就是喜欢那种微微的疼痛感，让人觉得过瘾、畅快。但湘菜远不只是“辣”那么简单，它还有笋的脆、鱼的鲜、肉的香……经过那种呛鼻的辣后，食材本身的味道会突然跳动在舌尖上。这就是湘菜的个性，辣过瘾后，让您感受到的是食材本身的鲜香。

历史悠久的湘菜

湖南地处我国中南部，气候温暖，雨量充沛，自然条件优越。湘西多山，盛产笋、野菜和山珍野味；湘东南为丘陵和盆地，经济发达；湘北是著名的洞庭湖平原，素称“鱼米之乡”。在《史记》中曾记载了楚地“地势饶食，无饥馑之患”。这些是湘菜形成的物质基础。

湘菜历史悠久，起源于春秋战国时期，到汉朝已基本形成菜系，加上唐宋以来不断丰富，湘菜特点愈加鲜明。

春秋战国时期

从湖南的新石器遗址中出土的大量精美的陶食器和酒器，以及谷物和动物残骸推测，早在八九千年前当地人就开始吃熟食了。春秋战国时期，湖南主要是楚人和越人生活的地方，多民族杂居，饮食风俗各异，祭祀之风盛行。

祀天神、祭地祇、祭祖先、庆婚娶、办丧事、迎宾送客都要聚餐，对菜肴的品种有严格要求，在色、香、味、形上也很讲究。战国时期伟大诗人屈原被流放到湖南时，就看到了当时祭祀活动中丰富美味的菜肴：有又软又香的肥牛蹄筋；有酸苦风味调制的吴国羹汤；有烧甲鱼、烤羊羔还加上甘蔗汁；还有醋烹的天鹅，焖野鸡、煎肥雁、鸧鹤、鸡，炖龟肉汤，味美而又浓烈，经久不散。此外，屈原还提到了“楚酪”——楚式奶酪，“醢豚”——小猪肉酱，“苦狗”——狗肉干，“炙鸦”——烤乌鸦，“烝凫”——蒸野鸡，“煎”——煎鲫鱼，“雀”——黄雀羹等菜肴。这说明，当时人们的饮食形式十分丰富多彩，烹调技艺成熟，基本形成了以酸、咸、甜、苦为主的特色风味。

秦汉两代时期

这个时期，湖南的饮食文化逐渐形成了一个从用料、烹调方法到风味风格都比较完善的体系。其原料之丰盛，烹调方法之多样，风味之独特，都非常突出。湖南马王堆汉墓出土的资料显示，湖南的宴饮佳肴已有上百种。其中，“太羹”是用纯肉烧制的羹，“白羹”是用清炖方法煮的清汤，“鱼肤”是从生鱼腹上割取的肉；“牛脍”“鹿脍”等是把生肉切成细丝制成的食物；“熬兔”“熬阴鹑”是干煎兔或鹌鹑等。

西汉时期

从出土的西汉文物和资料中可以看出，汉代湖南饮食生活中的烹调方法已有进一步的发展，发展到羹、炙、煎、熬、蒸、濯、脍、脯、腊、炮、醢、苴等多种。烹调用的调料就有盐、酱、豉、曲、糖、蜜、韭、梅、桂皮、花椒、茱萸等。

唐宋时期

由于湖南物产丰富,又是文人荟萃之地。唐宋时期，湖南饮食文化中的食谱与烹饪方法，与中原饮食文化相互影响，同时还吸收和融合了一些西部和东南的饮食风俗，使湖南的饮食文化具有南、北方两大饮食系统和烹饪技艺之长，形成了独特的饮食文化。南宋以后，湘菜自成体系已初见端倪，一些佳肴和烹艺由官府逐渐步入民间。

明清时期

在这一时期，湘菜迎来了它的黄金时代，此时的湖南门户开放，市场繁荣，湘菜技艺随商流、人流而得到广泛的拓展和交流，湘菜的独特风格基本定局，湘菜食风大行其道，一些在湖南和从湖南走出去的官僚权贵，竞相雇用湘厨烹制湘菜，而豪商巨贾也纷纷仿效。湘菜声名鹊起，技艺显著提高。

民国以后

从民国初开始，湘菜自成一体已进入相当的成熟期,不同门派的厨师也自成一派,出现了著名的戴（扬明）派、盛（善斋）派、肖（麓松）派和组庵派等多种烹饪流派。不同流派的竞争，带来了湘菜的空前繁荣，他们以各自的特长淋漓尽致地展现着湘菜的特色：捣烂的酸腌菜，平得像镜子可以照见人面；馄饨汤清彻明净，可以磨墨写字；面条柔韧似裙带，可以打成结子；醋味醇美香浓，能当酒喝……

大浪淘沙，“吹尽黄沙始见金”，经过几千年的发展，湘菜终于在全国众多菜系中脱颖而出，成为中国八大菜系之一。

湘菜的特点全解密

名重天下的湘菜，以地方风味浓厚的酸辣著称，是中华饮食大花园中的一朵奇葩，在八大菜系中以刀工精、调味细和技法多而闻名。

刀工精妙

湘菜的基本刀法有16种，具体运用，演化参合，使菜肴千姿百态、变化无穷。如“发丝百叶”细如银发，“梳子百叶”形似梳齿，“溜牛里脊”片同薄纸，更有创新菜“菊花鱿鱼”，刀法奇异，形态逼真，巧夺天工。湘菜刀工之妙，不仅着眼于造型的美观，还处处顾及烹调的需要，故能依味造型，形味兼备。如“红煨八宝鸡”，整鸡剥皮，盛水不漏，制出的成品，不但造型完整俊美，令人叹为观止，而且肉质鲜软酥润，吃时满口生香。

注重口味

湘菜特别讲究原料的入味，注重主味的突出和内涵的精当。调味工艺随原料质地而异，如急火起味的“熘”，慢火浸味的“煨”，先调味后制作的“烤”，边入味边烹制的“蒸”，等等。味感的调摄精细入微，所使用的调味品种类繁多，可烹制出酸、甜、咸、辣、苦等多种单纯和复合口味的菜肴。湖南还有一些特殊调料，如“浏阳豆豉”“湘潭龙牌酱油”，质优味浓，为湘菜增色不少。

湘菜调味，特色是“酸辣”，以辣为主，酸寓其中。“酸”是酸泡菜之酸，比醋更为醇厚柔和。辣则与地理位置有关。湖南大部分地区地势较低，气候温暖潮湿，古称“卑湿之地”。而辣椒有提热、开胃、祛湿、祛风之效，久而久之，便形成了地区性的、具有鲜明味感的饮食习俗。

技法多样

湘菜技法早在西汉初期就有羹、炙、脍、濯、熬、腊、濡、脯、菹等多种技艺，经过长期的繁衍变化，到现代，技艺更精湛的则是煨。煨在色泽变化上又分为“红煨”“白煨”，在调味上则分为“清汤煨”“浓汤煨”“奶汤煨”等，都讲究小火慢煨、原汁原味。

取材广泛

湘菜菜品有数千个品种，对食材的选取十分广博。湘菜对各种原料都能善于利用，善于发现，善于创新，善于吸收，善于消化。由于湖南地貌结构不同，各地土特产不尽相同，各地区都能善用本地的土特原料作为烹调原料。

注重烹制时的搭配

湘菜在烹制中向来讲究“配合”，量的配合，质的配合，色的配合，味的配合，形的配合，加上装盘的配合，使人产生强烈的食欲，达到满足口福、养生健身的目的。湘菜烹制配合方法上主要为荤素配合，除少数菜为单一全荤和全素菜外，几乎所有菜肴都荤素兼备。

重视装盘

湘菜几千年的历史沿革，历来十分重视对菜肴的盛装，在视觉上讲究菜肴外形的美观，使色、香、味、形、器融为一体。现代湘菜餐具容器，包括瓷、陶、漆、木、竹、玻璃等种类，碟、盘、碗、钵、勺，甚至还有竹筒、荷叶，这些都为湘菜增添了无限魅力和品位。

宴席菜品丰富

湘菜筵席的组合，不仅是菜肴的组合，通常还包括点心、饭面、粥、果品、酒水饮料。由于筵席规格、档位不同，在菜式的设计上差别很大，从普通筵席、中档筵席到高档筵席，湘菜在用料、烹制、餐具、摆台和服务程序上都有不同区别。

注重创新

随着人们口味不断追求新、奇、特，湘菜也在不断进行继承、吸收、发展、改进、创新和开拓，西方、东南亚地区、港台菜系也进入湖南，给湘菜带来中西结合的借鉴。文化湘菜，将文化与湘菜结合，凸显湘菜的文化内涵与悠久历史；海鲜湘菜，把湘菜的品位向更高层面推进，体现湘菜的融合力和无限发展潜力；乡土湘菜，把守在深山人未识的浓浓三湘乡土菜带入城市，成为大众共尝的美味佳肴。

湘菜营养特点大全

湘菜品种繁多，门类齐全，既有乡土风味的民间菜式，经济方便的大众菜式，也有讲究实惠的筵席菜式。下面将为大家介绍湘菜的营养特点。

荤素搭配、食药结合

湘菜讲求荤素搭配、药食搭配。湘菜食谱除一般的菜蔬外，还配有豆豉、炒辣椒、剁辣椒之类的开胃菜。一道菜中也尽可能地荤素搭配、药食搭配。药食搭配，即用某些中药材与食材互相搭配，共同烹饪。畜、禽肉类和水产品均含有丰富的营养成分，和中草药合理搭配，能起到滋补和预防疾病的作用。

鱼类菜肴丰富

湖南是“鱼米之乡”，因此湘菜中鱼类菜肴所占比例很大。与畜肉和禽肉相比，鱼类含有丰富的蛋白质，而脂肪的含量却很低，而且脂肪主要是由不饱和脂肪酸组成的，还含有丰富的钙、磷、铁、锌、硒等多种矿物质和微量元素，以及多种脂溶性和水溶性维生素，因此具有极高的营养价值。

豆类菜肴丰富

湘菜中的豆类及相关菜肴丰富多样。湘菜中的豆类菜通常都很鲜嫩，所含蛋白质、矿物质、维生素及膳食纤维均较丰富，营养价值高。用某些豆类相关品，如豆芽入菜，亦为湘菜的特色之一。

发酵食品丰富

湖南人大多嗜食发酵食品，如臭豆腐、腐乳、豆豉、腊八豆、酸菜、泡菜等。一般情况下，食物经过发酵后营养成分更便于人体吸收，经发酵的豆类或豆制品，B 族维生素明显增加。酸菜和泡菜含大量乳酸和乳酸菌，能抑制病菌的生长繁殖，增强人的消化能力、防止便秘，使消化道保持良好的机能状态，还有防癌作用。当然，酸菜、泡菜中也含有亚硝酸盐等不利于人体的物质，不可多食。

注重酸碱平衡

湘菜很注重食物的酸碱平衡。例如，肉类属酸性食物，烹调时就会加入一些碱性食品，如青椒、红椒、豆制品、菌类等；醋是弱碱性食品，能促进人的消化吸收，加入红烧鱼、红烧排骨之类的菜肴中，可使原料中的钙游离出来而便于人体吸收，也使菜肴的口感更佳；鱼是酸性食物，豆腐是碱性食物，湘菜中将鱼与豆腐共同烹饪，不但有酸碱调和作用，而且更利于人体对钙和蛋白质的吸收。

注重保护食物营养

湘菜在烹调过程中很注意保护食物的营养。一般食物在加热烹制过程中会损失一些营养物质，湘菜特别注意在烹调中保护菜肴的营养,凡能生吃的尽量生吃,能低温处理的绝不高温处理。此外，用淀粉类上浆、挂糊、勾芡，不但能改善菜肴的口感，还可保持食材中的水分、水溶性营养成分的浓度，使原料内部受热均匀而不直接和高温油接触，蛋白质不会过度变性，维生素也可少受高温的分解破坏，更减少了营养物质与空气接触而被氧化的程度。

如何制作正宗湘菜

湘菜的特点在于制作精细、用料广泛、油重色浓、注重口味、讲究营养，在品味上注重香鲜、酸辣、软嫩；在操作上讲究原料的入味，主味突出。

湘菜的食材

湖南地处长江中游南部，气候温和，雨量充沛，土壤肥沃，物产丰富，素有“鱼米之乡”的美誉。优越的自然条件和富饶的物产，为千姿百态的湘菜在选材方面提供了源源不断的物质条件。举凡空中的飞禽，地上的走兽，水中的游鱼，山间的野味，都是入馔的佳选。至于各类瓜果、时令蔬菜和各地的土特产，更是取之不尽、用之不竭的饮食资源。

湘菜注重选料。植物性原料，选用生脆不干缩、表面光亮滑润、色泽鲜艳、菜质细嫩、水分充足的蔬菜，以及色泽鲜艳、壮硕、无疵点、气味清香的瓜果等。动物性原料，除了注意新鲜、宰杀前活泼、肥壮等因素外，还讲求熟悉各种肉类的不同部位，进行分档取料；根据肉质的老嫩程度和不同的烹调要求，做到物尽其用。例如炒鸡丁、鸡片，用嫩鸡；煮汤，选用老母鸡；卤酱牛肉选牛腱子肉，而炒、熘牛肉片、丝则选用牛里脊。

湘菜的配料

湘菜的品种丰富多元，与配料上的精巧细致和变化无穷有着密切的关系。一道菜肴往往由几种乃至十几种原料配成，一席菜肴所用的原料就更多了。湘菜的配料一般从数量、口味、质地、造型、颜色五个因素考虑。常见的搭配方法包括：

叠：用几种不同颜色的原料，加工成片状或蓉状，再互相间隔叠成色彩相间的厚片。

穿：用适当的原料穿在某种原材料的空隙处。

卷：将带有韧性的原料，加工成较大的片，片中加入用其他原料制成的蓉、条、丝、末等，然后卷起。

扎：把加工成条状或片状的原料，用黄花菜、海带、青笋干等捆扎成一束一束的形状。

排：利用原料本身的色彩和形状，排成各种图案等方法，都能产生良好的配料效果。

湘菜的调味

湘菜的调味料很多，常用的有白糖、醋、辣椒、胡椒、香油、酱油、料酒、果酱、蒜、葱、姜、桂皮、大料、花椒、五香粉等。众多的调味料经过精心调配，形成多种多样的风味。湘菜历来重视利用调味使原料互相搭配，滋味互相渗透，交汇融合，以达到去除异味、增加美味、丰富口味的目的。

湘菜调味时会根据不同季节和不同原料区别对待，灵活运用。夏季炎热，宜食用清淡爽口的菜肴；冬季寒冷，宜食用浓腻肥美的菜肴。烹制新鲜的鱼虾、肉类，调味时不宜太咸、太甜、太辣或太酸。这些食材本身都很鲜美，若调味不当，会将原有的鲜味盖住，喧宾夺主。再如，鱼、虾有腥味，牛、羊肉有膻味，应加白糖、料酒、葱、姜之类的调味料祛腥膻。对本身没有明显味道的食材，如鱼翅、燕窝等，调味时需要酌加鲜汤，补其鲜味不足。这就是常说的“有味者使之出味，无味者使之入味”。

湘菜的常用蔬菜

辣椒

湖南人酷爱吃辣，辣椒在湘菜中有着重要地位。首先，湖南属于亚热带气候，非常适合辣椒的生长和繁殖，辣椒的产量和品质非常可观。第二，当地湖泊密布，水网交织，湘、资、沅、澧四水下泄洪水遭长江和洞庭湖的顶托形成内涝，或久旱不雨，或一雨成灾；温差大，湿度高，或炎热难当，或寒气逼人，当地人们常受寒暑内蕴之浸而易致湿郁。就这样，辣椒祛寒、祛湿、开郁的优势在这里大显身手，如英雄有用武之地一般，辣椒赢得了湖南人的喜爱。

茄子

茄子营养价值高，性寒凉而味甘，具有清热解暑的作用，对内热易长痱子、生疮疖的人尤为适宜。湖南人夏季喜欢吃蒸茄子，蒸熟后加入调料，如红辣椒、青辣椒、蒜末，就做成一道既美味又消暑的湘菜。此外，湘菜中还有红烧茄子、茄子豆角、茄子煲等。

冬笋

湖南是多丘陵之地，红壤是上好竹林生长之处，因此冬笋的品质好，产量大。用新鲜冬笋做菜，在过去还是湘菜所独擅。而用冬笋做成的玉兰片（即冬笋干），还是湘菜中的特产之一。

据说经典湘菜“冬笋炒腊肉”，是每一个冬季到湖南的外地人都会去品尝的美食。冬笋性寒而味甘、微苦，能清热化痰，除烦解渴，润肠通便。冬笋还是高纤维、低脂肪和低糖食物，能促进肠道蠕动，帮助消化，祛除积食，防治便秘，以及能辅助减肥。值得注意的是，因为冬笋含有草酸，容易与钙形成草酸钙，所以在烹制前要先用淡盐水煮 5~10 分钟。

藕与荷叶

湖南湖泊众多，藕自然是入菜的重要原料，生食味甘，蒸熟粉糯鲜甜，湘菜中有回锅藕、口味藕片、剁椒藕丁等。生藕性寒味甘，能清热生津，止渴除烦，凉血止血，消散淤血；熟藕性温味甘，能养心生血，补益脾胃，补虚止泻、生肌美颜。

荷叶也具有保健作用，其性甘味苦、涩，能清热解毒，升发清阳，散淤止血，能治疗暑热头胀目昏、脾胃虚弱、饮食不化、脘腹胀满，且能兼治各种出血症。用荷叶包裹荤、素原料蒸煮，香味清冽，沁人心脾，能增加食欲，在湘菜中被广泛应用。

丝瓜

丝瓜营养丰富，有清热利肠、凉血解毒、通经行血之功，对健康十分有利。丝瓜入菜，色泽碧绿，清香滑嫩。湘菜喜用丝瓜做汤，如丝瓜虾皮汤、酸辣丝瓜汤、芙蓉丝瓜等，均味道鲜美。此外，湘菜中还有酿丝瓜、皮蛋烧丝瓜、干贝烩丝瓜等做法。烹饪丝瓜的诀窍是要保持其清淡和香嫩爽口的特色，少用油，可适当勾芡，适当以味精、胡椒粉提味。

白萝卜

俗话说“冬吃萝卜夏吃姜，不要医生开药方”。白萝卜性凉而味辛，能止咳化痰、消除水肿、清热解毒，其所含维生素 C 和多种酶还有利于防癌抗癌。在湘菜中，白萝卜既可生食，还能做成萝卜干、辣萝卜等，其中萝卜干炒腊肉、辣椒萝卜都很美味。

苦瓜

苦瓜，性寒味苦，能清热解毒，消暑除烦，清心明目，可治疗热病、烦渴、肝火太旺导致的目赤或目痛、痈肿丹毒和痢疾等。苦瓜还含有多肽类物质，有降低血糖的作用。湖南人喜食苦瓜，湘菜中就有煎苦瓜、辣椒炒苦瓜、豆豉辣椒炒苦瓜、腌菜炒苦瓜等。不过，苦瓜含草酸较多，烹制前最好用沸水焯一下，除去或减少一些草酸后，食用效果更佳。

莴笋

莴笋肉质细嫩，不仅是营养丰富的食材，还具有药用价值。莴笋具有镇静作用，经常食用有助于消除紧张、帮助睡眠。在湘菜中，莴笋可生食、凉拌、炒食、干制或腌渍，常见菜品有韭菜莴笋丝、爽口莴笋片、杂酱莴笋丝、干锅莴笋等。

冬瓜

冬瓜是一种良好的保健蔬菜，含钠量低而含钾量高，能清热化痰，生津止渴，利尿消肿，除烦减肥，预防动脉硬化、高血压、冠心病、肾脏水肿等病症。湘菜中有大碗冬瓜、冬瓜鸭盅等。

南瓜

南瓜是湖南人非常喜欢的一种食材。据说在邵阳地区一个苗族村，村民们世世代代常年吃南瓜。南瓜不仅含有丰富的糖类、淀粉、脂肪和蛋白质，更重要的是含有人体造血必需的微量元素铁和锌。湘菜中有南瓜粉蒸肉、蜜汁南瓜、炒嫩南瓜丝、蛋黄焗南瓜等。

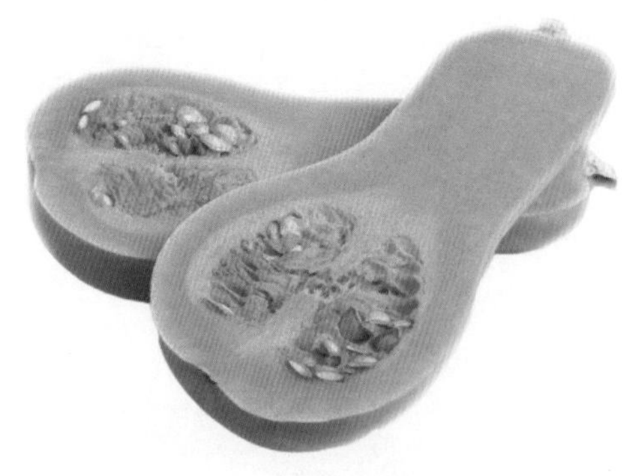

芹菜

芹菜在我国已有 2000 多年的栽培历史，有旱芹和水芹之分。芹菜富含多种矿物质和维生素，具有平肝祛风、健脾利水、清热排毒的作用。湖南人喜欢食用芹菜茎，其叶则抛弃不用，常见的做法有：剁椒炒芹菜、芹菜炒牛肉等。

藠头

藠头，又叫薤白，是百合科多年生草本植物的藠头及小根蒜等的鳞茎。其含有蒜素，是一种能降脂消炎、预防心血管疾病的保健菜，被誉为“菜中灵芝”。湖南人喜食藠头，如同很多人对葱、蒜的喜爱。藠头炒腊肉、糖醋藠头、腌藠头等都是湘菜中的经典。

茭白

茭白含有大量的营养物质，富含碳水化合物、蛋白质、脂肪等营养物质。在日常生活中多吃些茭白，可为人体补充营养，增强人体的抵抗力及免疫力。此外，茭白还具有清暑解烦及止渴的作用，非常适合在夏季食用。湘菜中，以茭白做食材的湘菜有茭白烧腊肉、茭白炒肉丝、红油茭白丝等。

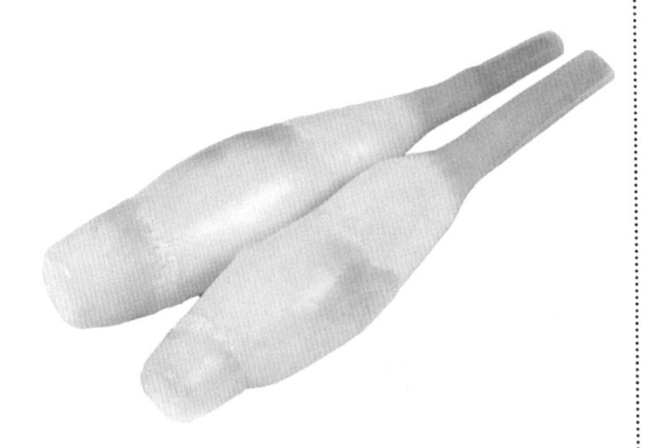

豆腐

豆腐营养丰富，含有铁、钙、磷、镁等人体必需的多种营养元素，为补益清热的养生食品。常吃豆腐，可补中益气、清热，更适于热性体质、口臭口渴、肠胃不清、热病后调养者食用。豆腐是湖南人最喜爱的食物之一，做法很多，常见的有芙蓉米豆腐、干锅千叶豆腐、煎豆腐等。

湖南腊肉风味一绝

在湖南，有“冬腊风腌，蓄以御冬”的习俗。腊肉流行于湖南各地，以其色彩红亮、烟熏咸香、肥而不腻、鲜美异常，在湘菜中占据重要地位。《湖湘文化大辞典》中关于“腊肉”的解释是：“民间多于冬至后、春节前杀猪过年，称杀猪肉。部分鲜食，大部分都用来腌渍腊肉。先将猪肉（最好带皮）用盐腌四五天，晾干，用锯末、花生壳、柚子皮、橘子皮等烧烟熏制，或挂在柴火灶上用冷烟熏烤，称‘腊肉’。”

腊肉的来源

湖南人制作腊肉是为了在腊月杀猪后，保持一年内家中有肉，而传承下来的一种农家传统。鲜肉切分后腌渍 10 日左右起卤，继而晾晒半月，再吊在厨房内受灶烟熏陶，月余后即成“烟熏腊肉”。久藏不腐，腊香味美，煮熟切片，瘦肉棕红有泽，肥肉油而不腻，上席佐餐均宜。

腊肉的特点

腊肉具有色彩红亮、烟熏咸香、肥而不腻、鲜美异常的特点。

腊肉的分类

湘西腊肉是湖南最黑的腊肉，以龙山、永顺等地区的腊肉著名，主要是悬在炕上的梁上，用茶树蔸、柑橘皮、松柏枝等产生的冷烟熏制而成，隔年立春埋到谷壳堆。由于有益霉菌生长在表面，到天热时，油脂溢出覆盖腊肉，腊肉的肥肉处膏脂似玉，极其美味。

湘中腊肉以娄底新化、益阳安化梅山区域的腊肉著名，腌渍时要放入花椒、白糖、姜片、糠壳熏，最美味的为腊野猪肉，颜色稍黑。

湘东腊肉主要指湘潭、长沙、浏阳、平江等湘江流域的腊肉，色泽金黄，一般用糠、锯木屑或花生壳等烧烟熏制，还要加橘柚皮甚至撒米，增加香味。

腊肉的吃法

湘菜中，关于腊肉的菜都可以自成一派，蒸的有腊味合蒸、腊八豆蒸腊肉等，腊肉蒸出来后，醇香扑鼻，肥而不腻，瘦而不柴，入口回味无穷。炒的有冬笋腊肉、白辣椒炒腊肉等。炖的有鳝鱼炖腊肉、白萝卜炖腊肉等。

武冈卤菜天下闻名

湖南省武冈市古称都梁，位于湖南省西南部，雪峰山东麓，地处邵阳市西南五市（县）中心，素有黔巫要地之称，是湘西南的一座历史文化名城，最能代表武冈特色的便是武冈卤菜，素有“卤菜之乡”“铜鹅之乡”的美誉。

武冈卤菜的历史渊源

武冈卤菜最早源于秦始皇时期，那时候秦始皇为求仙丹便令卢、候二人寻找修炼能令人长生不老的仙丹，其二人自知生老病死乃人生规律，长生不老仙丹实在是无能为力。于是二人便逃走，隐居在位于湖南西南的邵阳地带，其就地取材，将宫廷饮食的配方和中药配料结合在一起，渗透作用于豆制品和肉类制品，就这样最早的武冈卤菜应运而生。而后，武冈卤菜在民间游历了很长的一段时间后，于明清年间再次跻身宫廷贡品之列，恢复“宫廷贵族”的身份。

武冈卤菜的特点

采用二十多味名贵药材，用卤鼎熬制成卤水，将原料反复浸煮，晾干而成，属“药卤”，武冈卤菜常卤常鲜，越卤越香，回味无穷，这是其他任何卤菜都不可比拟的。“武冈卤菜”卤制原料成分所示药物，均为温热芳香挥发油之类，作为药材具有温热散寒、治疗里寒症、暖胃、杀虫、止呕、止泻的作用。“武冈卤菜”富含人体必需的优质蛋白质、维生素 A、维生素 D 和多种人体所需的微量元素。而且“武冈卤菜”少盐、少油、少糖，符合合理膳食原则，有利于身体健康。武冈卤菜味道纯正，质地筋道、耐人回味。

武冈卤菜着色是用焦糖溶液，也就是将白砂糖炒至熔化后加水制作而成，不使用任何色素和食品添加剂，这种传统工艺从秦朝延续至今，业内一直保持着这种传统，故黑色或褐色一直都是武冈卤菜的特色。

武冈卤菜工艺复杂，其他的卤菜都是一次做成，而武冈卤菜却要卤制 5 遍以上，而且卤制次数越多，味道越纯正，各种原材料在经过多次卤制脱水后，重量减少 50% ~ 70%，故而武冈卤菜价位较高，在明清两代曾被列为贡品，属宫廷御膳。

湘菜的特色调味品

要想做出一道地道正宗的湘菜，一定要选用原汁原味的湖南调味料，如此烹调出的滋味才够地道。

浏阳豆豉

浏阳豆豉以其色、香、味、形俱佳的特点成为湘菜调味品的佳品。浏阳豆豉是以泥豆或小黑豆为原料，经过发酵精制而成，颗粒完整匀称、色泽浆红或黑褐、皮皱肉干、质地柔软、汁浓味鲜、营养丰富，且久贮不发霉。浏阳豆豉加水泡涨后，是烹饪菜肴的调味佳品，有酱油、味精所不及的鲜味。

玉和醋

玉和醋是以优质糯米为主要原料，以紫苏、花椒、茴香、盐为辅料，以炒焦的节米为着色剂，从原料加工到酿造，再到成品包装，产品制成后，要储存一两年后方可出厂销售。玉和醋具有浓而不浊、芳香醒脑、酸而鲜甜的特点，具有开胃生津、和中养颜、醒脑提神等多种药用价值。

茶陵紫皮大蒜

茶陵紫皮大蒜因皮紫肉白而得名，是茶陵地方特色品种，与生姜、白芷同誉为“茶陵三宝”。茶陵大蒜是一个经过多年选育、逐渐形成的地方优良品种，具有个大瓣壮、皮紫肉白、含大蒜素高等优点。

永丰辣酱

永丰辣酱以本地所产的一种肉质肥厚、辣中带甜的灯笼椒为主要原料，掺拌一定分量的小麦、黄豆、糯米，依传统配方晒制而成。其色泽鲜艳，芳香可口，具有开胃健脾、增进食欲、帮助消化、散寒祛湿的作用。

湘潭酱油

湘潭制酱历史悠久，湘潭酱油以汁浓郁、色乌红、香温馨被称为“色香味三绝”。据《湘潭县志》记载，早在清朝初年，湘潭就有了制酱作坊。湘潭酱油选料、制作乃至储器都十分讲究，其主料采用脂肪、蛋白质含量较高的澧河黑口豆、荆河黄口豆和湘江上游所产的鹅公豆，辅料盐专用福建结晶子盐，胚缸则用体薄传热快、久储不变质的苏缸。生产中，浸子、蒸煮、拦料、发酵、踩缸、晒坯、取油七道工序，环环相扣，严格操作，一丝不苟。用独特的传统工艺酿造的湘潭酱油久贮无浑浊、无沉淀、无霉花，深受湖南人的喜爱。

浏阳河小曲

浏阳河小曲以优质高粱、大米、糯米、小麦、玉米等为主要原料，利用自然环境中的微生物，在适宜的温度与湿度条件下扩大培养成为酒曲。酒曲具有使淀粉糖化和发酵酒精的双重作用，数量众多的微生物群在酿酒发酵的同时，代谢出各种微量香气成分，形成了浏阳小曲酒的独特风格。

辣妹子

辣妹子即辣妹子辣椒酱，它精选上等红尖椒，细细碾磨成粉，再加上大蒜、八角、桂皮、香叶、茶油等香料，运用独门秘方文火熬成。辣妹子辣椒酱辣味醇浓、口感细腻、色泽鲜美，富含铁、钙、维生素等多种营养成分。

腊八豆

腊八豆是将黄豆用清水泡涨后煮至烂熟，捞出沥干，晾凉后放入容器中发酵，发酵好后再用调料拌匀，放入坛子中腌渍而成。

湘菜的几种制作方法

湘菜能够风靡海内外，与它的制作方法有着密切关系。下面，我们来介绍几种常见的湘菜制作方法。

炖

炖是将原料经过炸、煎、煸 或水煮等熟处理方法制成半成品，放入陶容器内，加入冷水，用旺火烧开，随即转小火，去浮沫，放入葱、姜、料酒，长时间加热至软烂出锅的一种烹饪方法。炖可分为不隔水炖和隔水炖。不隔水炖是将原料放入陶容器后，加调味品和水，加盖煮；隔水炖是将原料放入瓷质或陶制的钵内，加调味品与汤汁，用纸封口，放入水锅内，盖紧锅盖煮；也可将原料的密封钵放在蒸笼上蒸炖。此类汤菜汤色较清，原汁原味。湘菜中有玉米炖排骨、墨鱼炖肉、肚条炖海带、清炖土鸡、山药炖肚条等。

蒸

蒸是指以蒸汽为加热介质的烹调方法，通过蒸汽把食物蒸熟。将半成品或生料装于盛器，加好调味品，汤汁或清水上蒸笼蒸熟即成。所使用的火候随原料的性质和烹调要求而有所不同。一般来说，只需蒸熟不需蒸烂的菜应使用大火，在水煮沸滚后上笼速蒸，断生即可出笼，以保持鲜嫩。对一些经过较细致加工的花色菜，则需要用中火徐徐蒸制。如用大火，蒸笼盖应留些空隙，以保持菜肴形状整齐，色泽美观。蒸制菜肴有清蒸、粉蒸之别。蒸菜的特点是能使原料的营养成分流失较少，菜的味道鲜美。至今，蒸仍是普遍使用的烹饪方法。湖南浏阳有蒸菜系列，“剁椒蒸鱼头”更成为湘菜的代表菜，火遍全国。

炸

炸属于油熟法，是以油作为传热媒介制作菜肴的烹调方法。炸、熘、爆、炒、煎、贴等都是常用的油熟法。炸可用于整只原料（如整鸡、整鸭、整鱼等），也可用于轻加工成型的小型原料（如丁、片、条、块等）。炸可分为清炸、干炸、软炸、酥炸、卷包炸和特殊炸等，成品酥、脆、松、香。

涮

用火锅把水烧沸，把主料切成薄片，放入火锅涮片刻，变色刚熟即夹出，蘸上调好的调味汁食用，边涮边吃，这种特殊的烹调方法叫涮。涮的特点是能使主料鲜嫩，汤味鲜美，一般由食用者根据自己的口味，掌握涮的时间和调味。主料的好坏、片形的厚薄、火锅的大小、火力的大小、调味的调料，都对涮菜起着重要作用。

焖

焖是将经过油煎、煸炒或焯水的原料，加汤水及调味品后密盖，用旺火烧开，再用中小火较长时间烧煮，至原料酥烂而成菜的一种烹调方法。焖菜要将锅盖严，以保持锅内恒温，促使原料酥烂，即所谓“千滚不抵一焖”。添汤要一次成，不要中途添加汤水。焖菜时最好随时晃锅，以免原料粘底。还要注意保持原料的形态完整，不碎不裂，汁浓味厚，酥烂鲜醇。湘菜的焖制，主要取料于本地的水产与禽类，具有浓厚的乡土风味。焖因原料生熟不同，有生焖、熟焖；因传热介质不同，有油焖、水焖；因调味料不同，有酱焖、酒焖、糟焖；因成菜色泽不同，有红焖、黄焖等。用焖法烹制的湘菜有黄焖鳝鱼、油焖冬笋、醋焖鸭等。

卤

卤是冷菜的烹调方法，也有热卤，即将经过初加工处理的家禽家畜肉放入卤水中加热浸煮，待其冷却即可。

卤水制作：锅洗净上火烧热，滑油后放入白糖，中火翻炒，糖粒渐融，成为糖液，见糖液由浅红变深红色，出现黄红色泡沫时，投入清水 500 毫升，稍沸即成糖水色，作为调色备用。将备好的香料（最好打碎一点）用纱布袋装好，用绳扎紧备用。将锅置中火上，下花生油 100 毫升，下入姜、葱爆炒出香味，放清水、药袋、酱油、盐、料酒适量，一同烧至微沸，转小火煮约 30 分钟，弃掉姜、葱，加入味精，撇去浮沫即成。

煨

将加工处理的原料先用开水焯烫，放入砂锅中，加足汤水和调料，用旺火烧开，撇去浮沫后加盖，改用小火长时间加热，直至汤汁黏稠、原料完全松软成菜的技法。

汆

汆用来烹制旺火速成的汤菜。选娇嫩的原料，切成小型片、丝或剁蓉做成丸子，在含有鲜味的沸汤中汆熟。也可将原料在沸水中烫熟，装入汤碗内，随即浇上滚开的鲜汤。

烩

烩指将原料油炸或者煮熟后改刀，放入锅内加辅料、调料、高汤烩制的方法。具体做法是将原料投入锅中略炒，或在滚油中过油，或在沸水中略烫之后，放在锅内加水或浓肉汤，再加佐料，用武火煮片刻，然后加入芡汁拌匀至熟。这种方法多用于烹制鱼虾、肉丝和肉片，如烩鱼块、肉丝、鸡丝、虾仁之类。

焯

焯水就是将初步加工的原料放在开水锅中加热至半熟或全熟，取出以备进一步烹调或调味。它是烹调中特别是冷拌菜不可缺少的一道工序，对菜肴的色、香、味，特别是色起着关键作用。

湘菜的饮食文化特征

一般说来，湖南饮食风俗主要有以下几点特征：

1. 在湖南，“吃”具有比较丰富的社会意义

首先在人们的婚嫁丧娶这类大事中，总是以吃作为其重要内容。结婚称“吃喜酒”；有丧事，俗称“吃肉”；添了人口，一定要吃“满月酒”；过生日，则要吃荷包蛋，吃“寿面”。其次，“吃”也是人们重要的社交手段之一，朋友、熟人见面，第一句问候常常是：“吃了饭吗？”去朋友家做客，能够吃到 10 道或 12 道菜，就意味着受到了主人最热情的款待。

2. 湖南人注重节日饮食

在湖南，无论城市乡村，人们都是一日三餐。所不同的是，城市中，早餐比较随便，一天之内最重视晚餐，一周之内最重视周末的饮食。乡村中，一天三餐无明显差别，每逢农历节日或节气，在饮食上一般要比城市来得隆重。一年之内，最重春节前后的饮食。此外，无论是城市还是乡村，几乎家家户户都要根据季节时令来制作一些腌菜、干菜、泡菜、酢菜、腊菜。每逢客至，总要端上桌来显示主妇的手艺和持家能力。

3. 不分男女老幼，普遍嗜辣

在湖南，无论是平日的三餐，还是餐厅酒家的宴会，或是三朋四友小酌，总得有一两样辣椒菜。湖南地理环境上古称“卑湿之地”，多雨潮湿。辣椒有御寒祛风湿的作用；加之湖南人终年以米饭为主食，食用辣椒，可以直接刺激到唾液分泌，开胃振食欲。吃的人多起来，便形成了嗜辣的风俗。

湖南人吃辣椒的花样繁多。将大红椒用密封的酸坛泡，辣中有酸，谓之“酸辣”；将红辣、花椒、大蒜并举，谓之“麻辣”；将大红辣椒剁碎，腌在密封坛内，辣中带咸，谓之“咸辣”；将大红辣椒剁碎后，拌和大米干粉，腌在密封坛内，食用时可干炒，可搅糊，谓之“鲊辣”；将红辣椒碾碎后，加蒜籽、香豉，泡入茶油，香味浓烈，谓之“油辣”；将大红辣椒放火中烧烤，然后撕掉薄皮，用芝麻油、酱油凉拌，辣中带甜，谓之“鲜辣”。此外，还可用干、鲜辣椒做烹饪配料，吃法更是多种多样。尤其是湘西的侗乡苗寨，每逢客至，总要用干辣椒炖肉招待。劝客时，总是殷勤地再三请吃“辣椒”，而不是请吃“肉”，可见嗜辣之甚。

近年来，湖南菜颇受欧、美、东南亚地区顾客的欢迎，尤其是美国及加拿大人喜食味浓、香、鲜、辣的湖南菜。在美国，有的湘菜馆门前悬挂画有大红辣椒的牌子，上书湖南辣椒，馆内女招待的围裙上，也绣着大红辣椒。

4. 湖南人爱吃苦味

《楚辞 · 招魂》中有“大苦咸酸，辛甘行些”的诗句。这里的“大苦”，据说就是豆豉。这种由豆类加工而成的调味品，已有 2000 多年的历史了。至今，湖南人还有爱吃豆豉的习惯，如“浏阳豆豉”就是地方名优特产之一。其他如苦瓜、苦荞麦，也都是湖南人所喜爱的。湖南人嗜苦不仅有其历史渊源，而且有其地方特点。湖南地处亚热带，暑热时间较长。祖国传统医学解释暑的含义是：天气主热，地气主湿，湿热交蒸谓之暑；人在气交之中，感而为病，则为暑病。而“苦能泻火”“苦能燥湿”“苦能健胃”。所以人们适当地吃些带苦味的食物，有助于清热、除湿、和胃，对保健大有益处。

苦荞麦

浏阳豆豉

第2章

湘味素菜

湖南地处长江中下游，气候温和，物产丰富，一年四季都能吃到新鲜的蔬菜。而湘菜烹调讲究菜肴入味，所用调味品多，最常用的调味品是豆豉和辣椒，再加上多种烹调手法，即使是司空见惯的萝卜、白菜、豆腐、蘑菇，做出来也都有滋有味，非常下饭。

开胃酸笋丝

2天　开胃消食
酸　女性

湖南多山，为竹子的生长提供了便利，笋就成了餐桌上的常客。冬笋有“素中第一品”之说，既是蔬菜，也是良药。其质嫩味鲜，清脆爽口，只需加天然调味便可将其本味发挥到极致，酸笋自是如此。笋的清香本味与米醋的香酸自然融合，吃起来每一口都充满惊喜，无论当作凉菜单吃或者做配菜，都能让这种美味代代相传。

材料

冬笋　150克

调料

盐　25克
白醋　适量

食材处理

❶ 将洗净的冬笋先切薄片，然后切丝。

❷ 将冬笋丝放入碗中，加盐拌匀，腌10 分钟。

做法演示

❶ 将腌好的冬笋丝洗净，装入玻璃罐中。

❷ 加适量盐。

❸ 加入白醋拌匀。

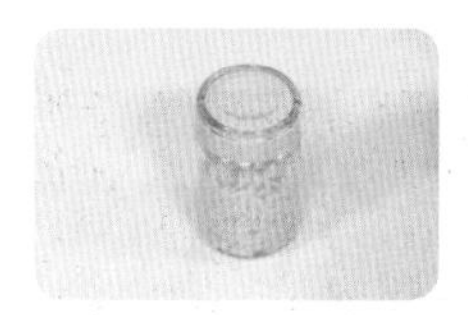

❹ 密封 2 天。

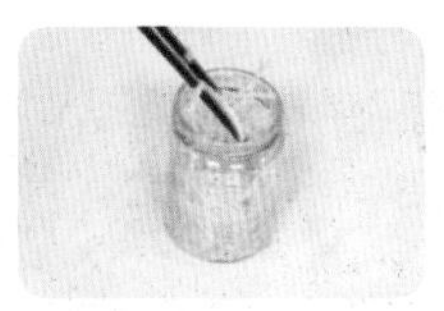

❺ 取出制作好的笋丝。

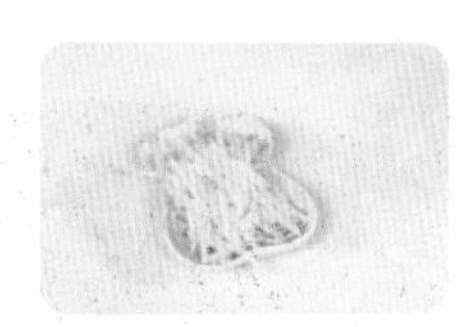

❻ 装盘即可食用。

制作指导

- 冬笋吃法很多，荤素皆宜。冬笋配合各种肉类烹饪，味道更加鲜美。
- 笋尖嫩，爽口清脆，适合与肉同炒。
- 笋衣薄，柔软滑口，适宜与肉同蒸。
- 笋片味甘肉厚，适合与肉炖食。

养生常识

★ 冬笋是一种富有营养价值的高蛋白、低淀粉蔬菜，具有滋阴凉血、和中润肠、清热化痰、解渴除烦、清热益气、利尿通便、养肝明目的作用。此外，它含的多糖物质具有一定的抗癌作用。

食物相宜

辅助治疗肥胖

冬笋

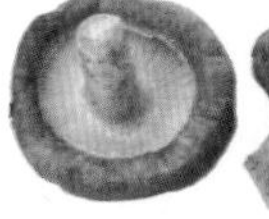

香菇

清热化痰

冬笋

莴笋

清热利尿

冬笋

黄豆芽

凉拌藠头

4分钟　开胃消食
辣　一般人群

藠头，有的地方叫野韭、野蒜。新鲜藠头连根采挖，除去茎叶及根须，洗净，可以鲜用，也可以泡制后食用。藠头的味道独特，色泽晶莹鲜亮，脆嫩微回甜，馨香沁人，特别适合夏日食用，是生津、顺气的佳品。它还有降脂消炎，预防心血管类疾病的作用。一般个头大且圆润的藠头，切丝凉拌，夹上一筷子，香味独特，酸爽开胃，让人口水涌不停……

材料

材料	用量
藠头	200克
朝天椒	15克

调料

调料	用量
盐	3克
鸡精	1克
芝麻油	适量
生抽	3毫升

食材处理

❶ 将洗净的朝天椒切成圈。

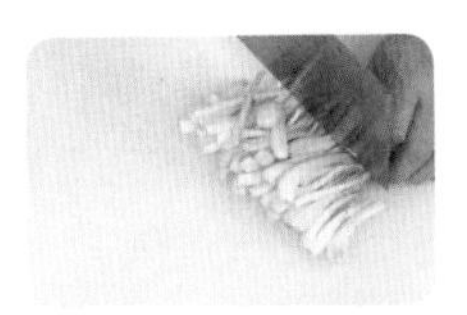

❷ 将藠头洗净、修齐整。

做法演示

❶ 锅中加水烧开，加入盐、鸡精，藠头拌匀。

❷ 煮约 1 分钟至熟后捞出沥干水分。

❸ 将煮熟的藠头装入盘中。

❹ 放入切好的部分红椒圈。

❺ 加入生抽、盐、鸡精。

❻ 用筷子搅拌一会儿，使其入味。

❼ 淋入少许芝麻油拌匀。

❽ 将拌好的藠头夹入盘中。

❾ 撒上剩余红椒圈即可。

制作指导

✪ 如果要炒食藠头，可以先将其头部择理好，拍扁，用盐腌一会儿。然后下锅，用锅铲压扁，逼出它的黏汁。这样烧出的藠头比较入味。

养生常识

★ 藠头性温，味辛、苦，成熟的藠头辛香嫩糯，含糖、蛋白质、钙、磷、铁、胡萝卜素、维生素 C 等多种营养物质，是烹调佐料和佐餐佳品。

★ 藠头不仅营养丰富，还含有两种特殊的物质，这两种物质分解后生成另外两种新的物质，新物质可有效减少过氧化物对血管的危害，防止血管硬化，防止血栓形成，抑制肿瘤、癌症的发生。

食物相宜

增强免疫力

藠头

猪肉

增进食欲
促进消化

藠头

+

辣椒

开胃茄子泡菜

5天　开胃消食
辣　一般人群

很久以前物质生活不那么丰富，冬季能吃到的蔬菜有限，最多的就是茄子和土豆，所以家家户户都能将它们变化出各种吃法来。茄子泡菜就是其中一种，茄子很值得夸赞，本身没有什么味，却能很好地吸收调料的香味，因此，独特醋酸味令这道茄子泡菜的口感更加丰腴。

材料

茄子	300 克
韭菜	80 克
蒜头	30 克
葱	10 克

调料

盐	25 克
白糖	15 克
白醋	10 毫升
辣椒面	6 克

食材处理

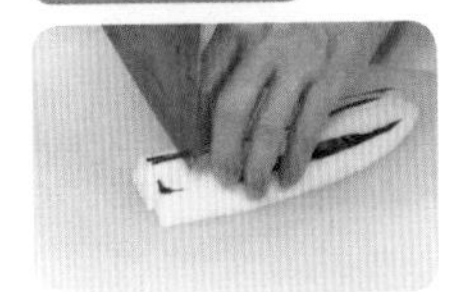

❶ 将洗净去皮的茄子切小块，浸水备用。

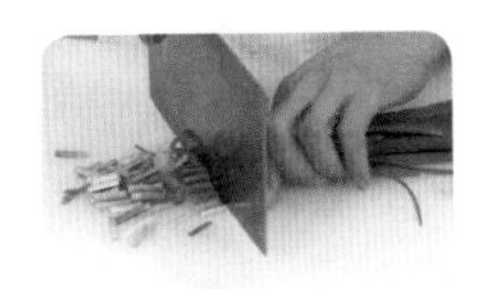

❷ 把洗好的韭菜、葱均切成小段。

做法演示

❶ 将沥干的茄子放入碗中，加盐、白糖拌匀。

❷ 放入蒜头、辣椒粉拌匀。

❸ 再放入韭菜、葱拌匀。

❹ 加入白醋，倒入400毫升矿泉水拌匀。

❺ 将拌好的材料装入泡菜罐。

❻ 拧紧盖子，腌渍5天。

❼ 取碟子和泡菜罐。

❽ 将腌渍好的泡菜放入小碟子中即可食用。

食物相宜

平血压、止咳血

茄子

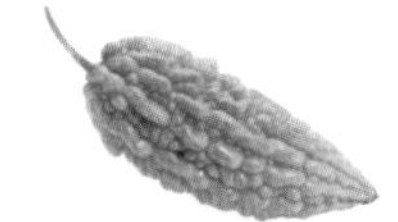

苦瓜

健脑益智

茄子

鲤鱼

制作指导

✪ 在腌渍茄子的过程中，要尽量保证无水无油，这样味道更好，而且保存的时间较长。

养生常识

★ 茄子中维生素P的含量尤其丰富，维生素P等能防止微血管的破裂出血，使血小板功能保持正常。还能预防坏血病，促进伤口愈合。

酸辣土豆丝

3分钟　排毒瘦身
辣　女性

土豆是朴实又价廉的食材，却可以变化成很多不同的美味，不论是土豆丝、土豆块还是土豆泥，似乎每个人都有自己钟爱的土豆菜品。酸辣土豆丝是一道快捷的小炒，入锅不到3分钟就能搞定。大火爆炒的瞬间，辣椒、香醋和土豆丝的清香一并弥漫出来，闻上去就让人陶醉，吃起来更是酸辣开胃，非常下饭。

材料

土豆　200克
红辣椒　少许
葱　5克

调料

盐　3克
白糖　2克
鸡精　1克
白醋　适量
香油　适量
食用油　适量

食材处理

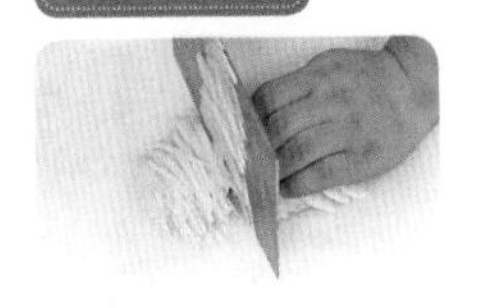

❶ 将土豆切丝，盛入碗中加清水浸泡。

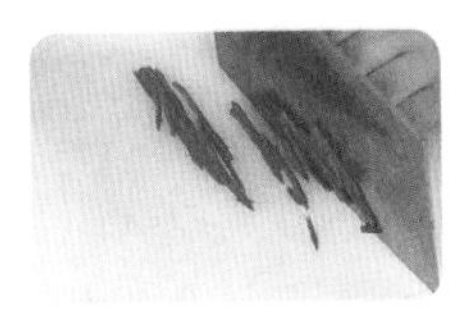

❷ 将红辣椒洗净切丝。

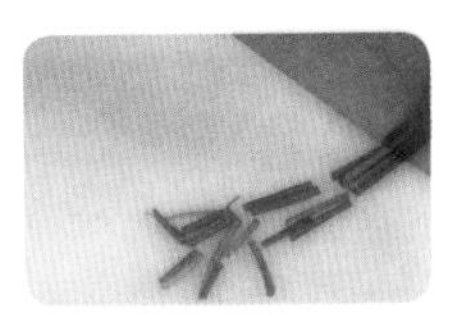

❸ 将葱洗净切段。

做法演示

❶ 热锅注油，倒入土豆丝、葱白翻炒片刻。

❷ 加入适量盐、白糖、鸡精调味。

❸ 炒约 1 分钟后倒入适量白醋炒匀。

❹ 倒入辣椒丝、葱叶炒匀。

❺ 淋入少许香油。

❻ 出锅装盘即成。

制作指导

- 本道菜可以加花椒。花椒先入锅，爆香后捞出不要，再放入土豆丝翻炒，会令成菜味道更香。
- 锅内放入土豆丝后，要开大火快速翻炒，急火快炒，成菜才味美。
- 如果喜欢爽脆的口感，一般土豆断生后（如 8 成熟）就可以出锅，装盘后菜的余温会继续使土豆丝熟制；如果喜欢绵软的口感，可以适当延长炒的时间，炒至全熟。

食物相宜

健脾开胃

土豆

辣椒

调理肠胃，可防治肠胃炎

土豆

豆角

强身健体

土豆

牛肉

酸辣南瓜丝

2分钟　降压降糖
酸　老年人

南瓜是每年夏秋季节的必吃美食，老南瓜质地软糯，口味甘甜；嫩南瓜则含水丰富，口感脆爽。老南瓜适合烧，嫩南瓜则适合炒。酸辣南瓜丝就是用嫩南瓜炒的一道菜，纯手工切出来的南瓜丝，每一根都包含着做菜人的心意，香醋和辣椒的香味与南瓜丝融合，开胃健康，值得反复回味。

材料

小南瓜　300克
红椒　30克
蒜末　5克
姜丝　5克

调料

盐　3克
味精　1克
豆瓣酱　适量
白醋　适量
食用油　适量

食材处理

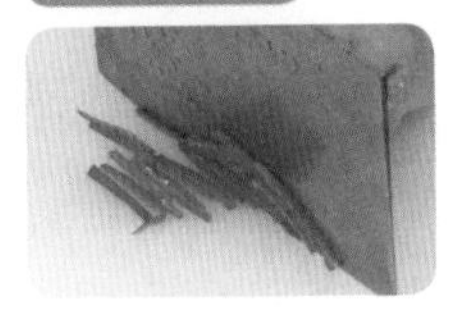

❶ 将红椒切段后去籽，再切成丝。

❷ 将洗净的南瓜去皮，切片后切丝。

做法演示

❶ 热锅注油，放入姜丝、蒜末爆香。

❷ 倒入南瓜丝。

❸ 放入红椒丝。

❹ 加盐、味精、白醋和豆瓣酱。

❺ 翻炒入味，再淋入热油炒匀。

❻ 盛入盘中即成。

制作指导

- 南瓜切成丝后，用水把表面的淀粉洗去，放入清水中浸泡，这样南瓜丝入锅后不容易粘锅，且口感较爽脆。
- 南瓜丝入锅后，马上加醋翻炒，可以起到防止粘锅的作用。
- 南瓜下锅后应急火快炒，如果在锅中停留时间过长，容易粘锅，且失去爽脆的口感。

食物相宜

美白肌肤

南瓜

芦荟

健脾益气

南瓜

牛肉

润肺益气

南瓜

虾仁

农家小炒芥蓝

2分钟　清热解毒
清淡　一般人群

在对吃饭毫无想象力的时候，到菜市场逛逛，不经意间就获得了灵感。芥蓝和胡萝卜都是非常爽口的蔬菜，简单的小炒非常符合它们的气质，太复杂的烹调反而会掩盖它们的本味。这道亮丽的农家小炒芥蓝，保持了芥兰的原味，十分脆嫩，吃起来既清爽又不显寡淡。

材料		调料	
芥蓝	200 克	盐	2 克
蒜末	5 克	味精	1 克
姜片	5 克	料酒	5 毫升
葱白	5 克	蚝油	5 毫升
胡萝卜片	20 克	水淀粉	适量
		食用油	30 适量

食材处理

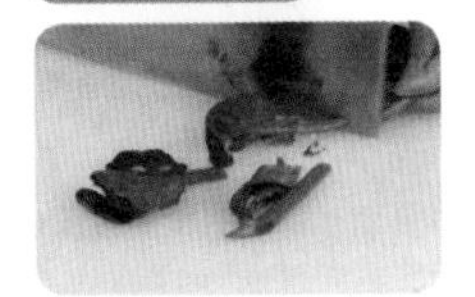

❶将洗净的芥蓝切段。

❷锅中注水烧开，加食用油，倒入芥蓝拌匀。

❸煮约1分钟，捞出备用。

❹倒入胡萝卜片。

❺煮约1分钟，捞出备用。

做法演示

❶起油锅，倒入姜片、蒜末、葱白爆香。

❷倒入芥蓝、胡萝卜炒约1分钟至熟。

❸加入料酒、盐、味精、蚝油炒至入味。

❹加入少许水淀粉勾芡。

❺加入少许熟油炒匀。

❻盛入盘内即可。

制作指导

- 芥蓝有苦味，炒时加入少量白糖和酒，可以改善口感。
- 芥蓝梗粗，不易熟透，炒制时水分挥发较多，所以炒制时应多加些水。

养生常识

★ 芥蓝中含有有机碱，这使它带有一定的苦味，能刺激人的味觉神经，增进食欲，还可加快胃肠蠕动，助消化。

★ 芥蓝中另一种独特的苦味成分是金鸡纳霜，能抑制过度兴奋的体温中枢，起到消暑解热的作用。

食物相宜

防癌抗癌

芥蓝

西红柿

防癌抗癌

芥蓝

红菜薹

清热消炎

芥蓝

大蒜

韭菜炒莴笋丝

4分钟 降压降糖
辣 老年人

韭菜炒莴笋丝，是很清淡且很美味的菜式，也是春季养生的必选菜。新鲜的蔬菜一定要应季食用，春季的莴笋最为鲜嫩，从叶到茎都透着股水灵劲儿，让人不得不爱。莴笋丝搭配嫩绿的韭菜和红艳的辣椒，和谐的色彩让整道菜愈加诱人，韭香和辣香也让莴笋的味道更加丰富，百吃不腻。

材料

莴笋	150 克
韭菜	80 克
红椒丝	20 克

调料

盐	3 克
味精	1 克
鸡精	2 克
水淀粉	10 毫升
食用油	适量

食材处理

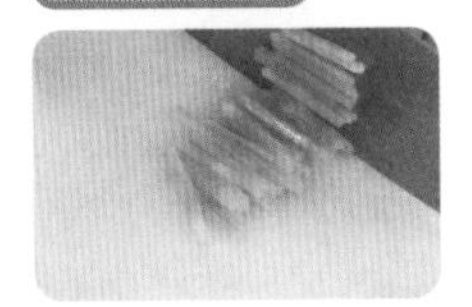

❶ 将去皮洗净的莴笋切成丝。

❷ 将洗净的韭菜切成段。

做法演示

❶ 用油起锅，倒入莴笋丝炒匀至熟。

❷ 加盐、味精、鸡精炒匀。

❸ 倒入切好的红椒丝、韭菜段炒熟。

❹ 加水淀粉勾芡。

❺ 淋入少许熟油炒至熟透。

❻ 盛出装盘即成。

制作指导

- 莴笋购买后，一次将几棵竖直放入盛有凉水的器皿内，水淹至莴笋主干 1/3 处，放置在室内阴凉处 3~5 天，叶子仍呈绿色，莴笋主干仍很新鲜，削皮后炒吃仍鲜嫩可口。
- 莴笋下锅前挤干水分可增加脆嫩感。但从营养角度考虑，不应挤干水分，因为这会丧失大量的水溶性维生素。
- 莴笋怕咸，盐要少放才好吃。

养生常识

★ 莴笋中的铁元素很容易被人体吸收。经常食用新鲜莴笋，可以防治缺铁性贫血。

食物相宜

补虚强身
丰肌泽肤

莴笋

猪肉

利尿通便
降脂降压

莴笋

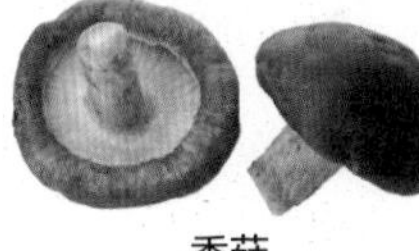

香菇

通便排毒

莴笋

+

鸡肉

香辣白菜

3分钟　瘦身排毒
辣　女性

冬季里最常见的原料，加上记忆中最家常的做法，让这道香辣白菜满含温暖。这道平凡质朴的菜肴，有着红白相间的好相貌，飘着大蒜和辣椒浓郁的香味，爽口的滋味会让所有人第一时间爱上。这样的家常菜，咀嚼起来总有似曾相识的味道，足以令你回到那同样温暖的时刻。

材料

大白菜	450 克
干辣椒	20 克
大蒜	15 克

调料

盐	3 克
鸡精	1 克
料酒	5 毫升
食用油	适量

食材处理

❶ 将洗好的大白菜菜梗和菜叶切成小片。

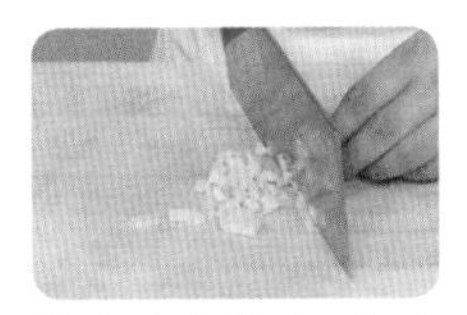

❷ 将大蒜拍破，切末。

做法演示

❶ 锅中注油，油热后放入蒜末、干辣椒煸香。

❷ 放入大白菜梗。

❸ 翻炒片刻至白菜变软。

❹ 放入大白菜叶翻炒匀。

❺ 加入盐、鸡精炒匀，倒入料酒拌炒至大白菜熟透。

❻ 将炒好的大白菜盛入盘中即成。

制作指导

- 大白菜和豆腐是最好的搭档，豆腐含有丰富的蛋白质和脂肪，与白菜相佐，相得益彰。
- 大白菜和肉类搭配，既可增加肉的美味，又能使肉类消化后的废弃物在白菜高纤维的帮助下顺利排出体外。
- 炒白菜前，可先用开水焯一下，因为白菜中含有破坏维生素 C 的氧化酶，这些酶在 60℃ ~90℃范围内使维生素 C 受到严重破坏。沸水下锅，氧化酶则无法起作用，从而使维生素 C 得以保存。

食物相宜

防治碘不足

白菜

海带

改善妊娠水肿

白菜

鲤鱼

预防牙龈出血

白菜

虾仁

辣椒炒萝卜干

3分钟　开胃消食
辣　男性

小小的萝卜干有降血脂、降血压、消炎、开胃、清热生津、防暑、消油腻、破气、化痰、止咳的作用。成捆的萝卜干在开水中煮熟后就会恢复弹性，吃起来脆脆的，还带着鲜萝卜的回甜。将辣椒与萝卜干一起翻炒，一道香辣脆口的开胃小菜即可上桌。辣椒炒萝卜干香辣脆爽，风味浓郁，配粥、粉、面、饭都不错。

材料

萝卜干	300克
干辣椒	2克
蒜末	5克
葱段	5克

调料

盐	3克
味精	1克
鸡精	1克
芝麻油	适量
辣椒酱	适量
豆瓣酱	适量
食用油	适量

食材处理

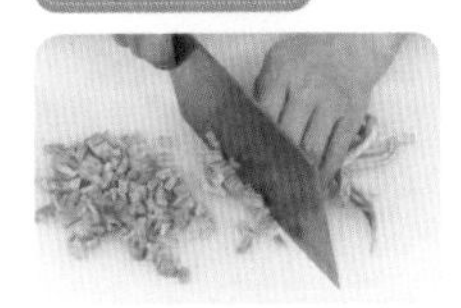

❶ 把洗净的萝卜干切成丁。

❷ 锅中加清水烧开，倒入萝卜干煮约1分钟。

❸ 将煮好的萝卜干捞出。

做法演示

❶ 用油起锅，倒入蒜末、干辣椒爆香。

❷ 倒入萝卜干，炒约1分钟。

❸ 加入少许盐、味精、鸡精。

❹ 加入适量辣椒酱、豆瓣酱炒匀调味。

❺ 倒入葱段炒匀。

❻ 加少许芝麻油炒匀。

❼ 继续炒匀至入味。

❽ 盛出装盘即可。

制作指导

✪ 正常的干辣椒颜色有点暗，用手摸，手如果变黄，则可能是硫黄加工过的。仔细闻闻，硫黄加工过的多有硫黄气味。所以不宜选色彩太亮丽的干辣椒。

食物相宜

补五脏，益气血

白萝卜

牛肉

消食，除胀，通便

白萝卜

猪肉

养生常识

★ 辣椒对口腔及胃肠有刺激作用，能增强肠胃蠕动，促进消化液分泌，改善食欲。

★ 辣椒含有一种成分，能有效地燃烧体内的脂肪，促进新陈代谢，从而达到减肥的效果。

香炒蕨菜

2分钟　开胃消食
辣　孕产妇

蕨菜是湖南山区的野生蔬菜之一，每到春天，当地农户就采摘一些用于自家食用和招待客人。蕨菜不仅味道鲜美，还可以降压，对辅助治疗高热不退、湿疹也有很好的药用价值。其本身味道清淡，能恰到好处地融合蒜苗和辣椒的浓郁味道，使其咯吱咯吱的口感和清香的味道发挥得淋漓尽致。绿色无污染，这是来自大自然的馈赠。

材料

蕨菜	300克
蒜苗段	30克
干辣椒	10克
蒜末	5克
葱白	5克

调料

盐	5克
味精	1克
蚝油	5毫升
水淀粉	适量
食用油	适量

食材处理

❶把洗净的蕨菜切段。

❷锅中注水烧开后加入适量盐，再倒入蕨菜。

❸约煮 2 分钟入味后捞出。

做法演示

❶热锅注油，入蒜末、葱白和洗好的干辣椒爆香。

❷倒入蕨菜、蒜苗炒匀。

❸加入盐、味精、蚝油炒片刻。

❹加少许水淀粉勾芡。

❺将勾芡后的菜炒匀。

❻盛入盘内即可。

制作指导

- 蕨菜可鲜食，或晒干，制作时用沸水烫后晒干即成。吃时用温水泡发，再烹制成各种美味菜肴。
- 鲜蕨菜在食用前应先在沸水中浸烫一下后放凉，以清除其表面的黏质和土腥味。
- 炒食蕨菜时，配以鸡蛋、肉类，味道更丰富、鲜美。

食物相宜

开胃消食

蕨菜

猪肉

消热、利湿、消炎

蕨菜

大蒜

养生常识

- ★ 蕨菜素对细菌有一定的抑制作用，可用于发热不退、肠风热毒、湿疹、疮疡等病症，具有良好的清热解毒、杀菌消炎的作用。
- ★ 蕨菜的某些有效成分能扩张血管，降低血压。

豆角烧茄子

2分钟　美容养颜
辣　女性

湘妹子不怕辣，靠的就是湖南妈妈的辣椒菜。豆角烧茄子，越是家常越好吃。这道菜从色彩上来说不是最出众的，从做法上来看也不是最讲究的，论口味，也不是什么传世名菜，然而它朴素之中却有着让你一吃就停不下口的魔力。这道菜无论是一点点地细品，这道菜还是一口接一口地大嚼，都不会让你失望。

材料

茄子	150克
豆角	100克
干辣椒	2克
蒜末	5克

调料

盐	2克
白糖	1克
味精	1克
鸡精	1克
食用油	适量

食材处理

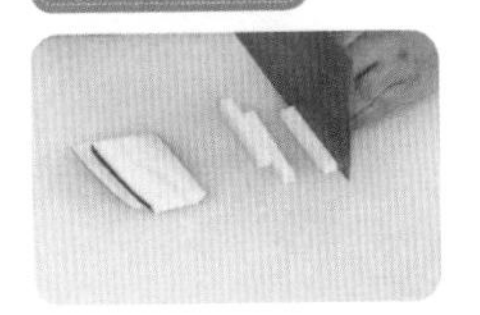

❶ 将去皮洗净的茄子切成条。

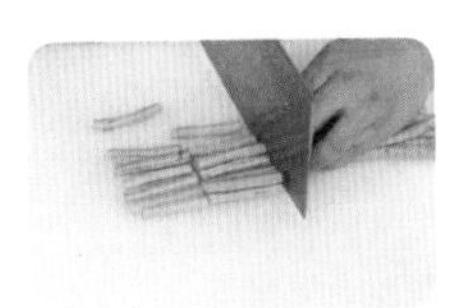

❷ 将洗净的豆角切成约 4 厘米长的段。

❸ 炒锅注油，烧至五成热，倒入茄子炸 1 分钟。

❹ 炸片刻至熟透，捞出备用。

❺ 放入豆角炸约 1 分钟至熟后捞出备用。

❻ 将炸好的茄子、豆角装入盘中备用。

做法演示

❶ 锅注油烧热，倒入蒜末、洗好的干辣椒爆香。

❷ 倒入炸熟的茄子、豆角。

❸ 加入盐、白糖、味精、鸡精。

❹ 拌炒至入味。

❺ 盛出炒好的豆角茄子即成。

食物相宜

强身健体

茄子

牛肉

清心凉血，可防治心血管疾病

茄子

苦瓜

制作指导

- 豆角在烹调前应将豆筋摘除，否则既影响口感，又不易消化。
- 豆角的烹煮时间宜长不宜短，要保证其熟透。

养生常识

★ 豆角能使人头脑宁静，调理消化系统，有解渴健脾、益气生津的作用。

蒜蓉微波茄子

6 分钟　防癌抗癌
辣　一般人群

炎炎夏日，长时间的煎炒烹炸是可怕的。一盘简单又好吃的蒜泥茄子，只需在微波炉中转几分钟就能迅速搞定，免除了开火的烦恼。非常值得一提的是，茄子本身没什么味道却能很好地吸收调料香味，想做什么味就能做出什么味道，独特的蒜香让这道微波茄子的口感更加饱满。

材料

茄子　200 克
红椒　10 克
蒜蓉　20 克
葱花　5 克

调料

盐　4 克
鸡精　2 克
生抽　5 毫升
芝麻油　适量
食用油　适量

食材处理

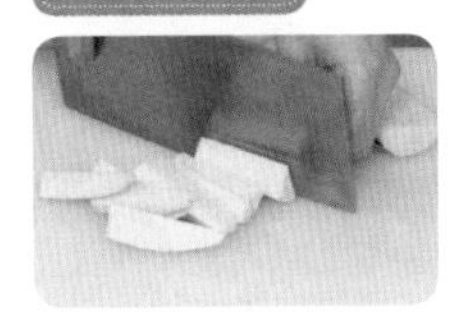

❶ 将茄子洗净去皮，切成长段，改切成条。

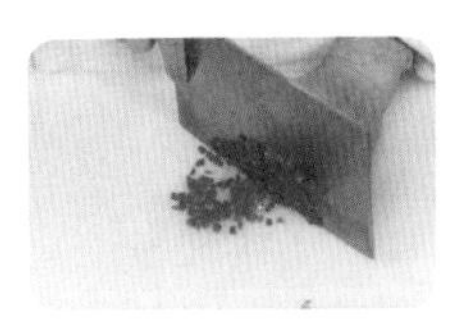

❷ 将洗净的红椒切丝，再改切成粒。

❸ 将切好的茄子摆入盘中。

❹ 均匀地撒上盐。

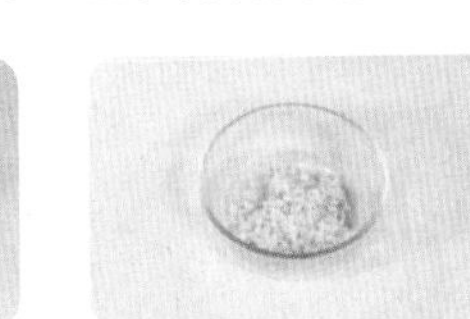

❺ 将蒜蓉盛入碗中。

❻ 加入切好的红椒粒。

❼ 加入适量的盐、鸡精、生抽，拌匀。

❽ 加入少许食用油、芝麻油，拌匀。

❾ 将拌好的蒜蓉浇在茄子上。

做法演示

❶ 把茄子放入微波炉中。

❷ 选择“蔬菜”功能，时间设定为 5 分钟。

❸ 5 分钟后，取出茄子，撒上葱花即可。

制作指导

✪ 在茄子的萼片与果实连接的地方，有一个白色略带淡绿色的带状环，它叫茄子的“眼睛”。眼睛越大，表示茄子越嫩；眼睛越小，表示茄子越老。

食物相宜

通气顺肠

茄子

黄豆

减少人体对猪肉中胆固醇的吸收

茄子

猪肉

养生常识

★ 茄子含丰富的维生素 E，有防止毛细血管出血和抗衰老的功能。常吃茄子，可使血液中胆固醇水平不致增高，能有效缓解人体衰老。

剁椒蒸芋头

22分钟　增强免疫
辣　一般人群

平时朴素的家常小菜，往往更能勾起人对家乡的思念，软糯的芋头和鲜辣爽口的剁椒碰撞出独特的湘味。盘底有蒸出来的红鲜鲜的剁椒汁，用热芋头蘸上——芋头的原香、本甜，伴着剁椒的咸、鲜、辣——趁热吃，味道强烈，怎一个“爽”字了得！

材料

芋头	300克
剁椒	50克
葱花	5克

调料

白糖	5克
鸡精	3克
淀粉	适量
食用油	适量

食材处理

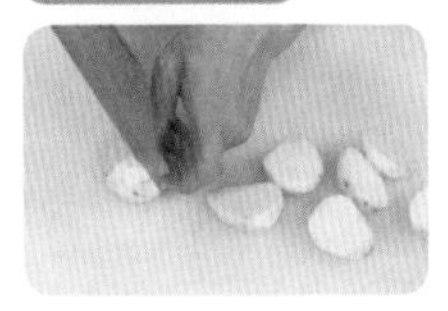

❶ 把去皮洗净的芋头对半切开，装入盘中备用。

❷ 剁椒加白糖、鸡精、淀粉、食用油拌匀。

❸ 在芋头上浇上调好味的剁椒。

做法演示

❶ 蒸锅置大火上，放入芋头。

❷ 加盖，用中火蒸20分钟。

❸ 揭盖，将蒸熟的芋头取出。

❹ 撒上葱花。

❺ 浇上熟油即可。

制作指导

- 芋头的粘液容易引起手部过敏，瘙痒或红肿，因此处理芋头时应戴上胶皮手套。
- 芋头不宜生食。食用未煮熟的芋头，其黏液会刺激咽喉，导致不适，所以要将芋头煮熟煮透再食用，以筷子可插入为熟的标准。
- 剁椒咸鲜味重，但辣味不足，在菜中可以加入指天椒和青红椒同蒸，可加重鲜辣之味。

养生常识

★ 芋头含有糖类、膳食纤维、维生素B群、钾、钙、锌等营养成分，其中以膳食纤维和钾含量最多。

★ 中医认为，芋头有开胃生津、消炎镇痛、补气益肾的作用，可治胃痛、痢疾、慢性肾炎等。

食物相宜

益气养血

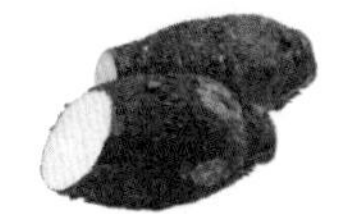

芋头

红枣

辅助治疗脾胃虚弱

芋头

鲫鱼

青椒炒豆豉

3分钟　开胃消食
清淡　一般人群

最美味的往往就是最普通的家常菜，爆香的豆豉不仅为青椒穿上了一层酱红色的色彩，还为鲜嫩的青椒增添了一抹浓重的滋味。作为一道下饭的素食，这道菜别有一番“湘”味，不仅闻起来喷香，吃起来更是爽口，多重香味使其成为餐桌上的焦点。

材料

材料	用量
青椒	70克
红椒	15克
豆豉	10克
蒜末	5克

调料

调料	用量
盐	3克
味精	1克
白糖	3克
豆瓣酱	适量
水淀粉	适量
食用油	适量

食材处理

❶将青椒洗净，去蒂，切成条。

❷将红椒洗净切圈。

做法演示

❶用油起锅，倒入蒜末、豆豉爆香。

❷倒入青椒、红椒炒匀，加盐、味精、白糖。

❸加入适量豆瓣酱调味。

❹加水淀粉勾芡。

❺加少许热油炒匀。

❻盛出装盘即可。

制作指导

- 新鲜的青椒在轻压下虽然会变形，但抬起手指后，能很快弹回；不新鲜的青椒常是皱缩或疲软的，颜色灰暗。
- 喷洒过的农药常积聚在青椒凹陷的果蒂上，因此清洗青椒时要去蒂。
- 烹制青椒时，要注意掌握火候，采取猛火快炒法，加热时间不要太长，以免维生素 C 损失过多。

养生常识

★ 红椒味辛，性热，含蛋白质、钙、磷以及丰富的维生素 C、胡萝卜素及辣椒红素，能温中健胃、散寒燥湿、发汗。

食物相宜

美容养颜

辣椒

苦瓜

有利于维生素的吸收

辣椒

鸡蛋

促进肠胃蠕动

辣椒

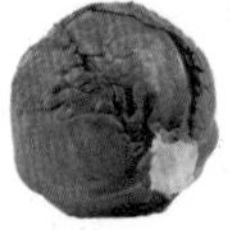

紫甘蓝

豆豉香干炒青豆

2 分钟　清热解毒

鲜　女性

豆豉是湘菜的特色原料之一，用它来做菜既简单快捷又美味营养。这道菜就少不了用豆豉来点缀调味，再配上青椒、红椒、青豆，一道香喷喷的美味下饭菜就做成了。这一大盘豆豉香干炒青豆一上桌，浓郁的豆豉香就唤醒了所有人的味觉，吃起来绝对是最美的享受。

材料

香干　200 克

青豆　100 克

青椒　10 克

红椒　15 克

豆豉　10 克

蒜末　5 克

姜片　5 克

葱白　5 克

调料

盐　3 克

水淀粉　10 毫升

味精　1 克

鸡精　1 克

生抽　3 毫升

芝麻油　适量

食用油　适量

食材处理

❶将洗净的青椒、红椒切圈。

❷将洗净的香干切成1厘米长的段，再切成小块。

❸锅中加约800毫升清水烧开，加少许食用油。

❹倒入洗净的青豆煮沸。

❺倒入香干，拌匀。

❻煮沸后捞出备用。

做法演示

❶用油起锅，倒入姜片、蒜末、葱白、豆豉。

❷加入切好的青椒、红椒炒香。

❸倒入焯水后的香干和青豆炒匀。

❹加少许盐、味精、鸡精。

❺倒入适量生抽炒匀调味。

❻加水淀粉勾芡。

❼加少许芝麻油炒匀。

❽炒匀至熟透。

❾盛入盘中即可。

食物相宜

补充优质植物蛋白

青豆

+

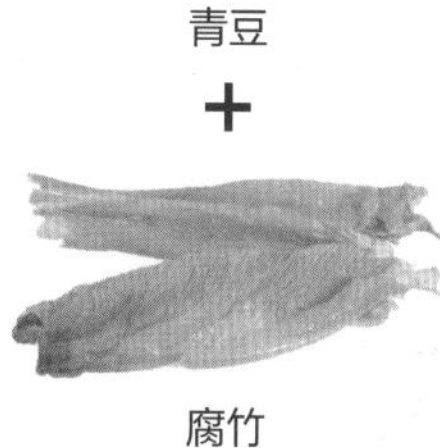
腐竹

清热祛痰
防止便秘

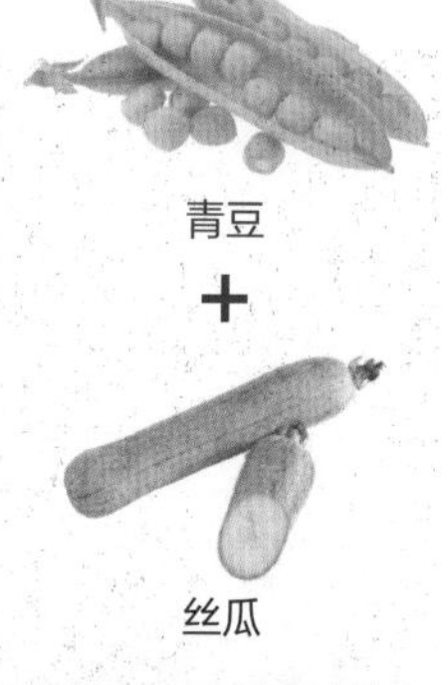
青豆

+

丝瓜

养生常识

★ 豆豉性平，味甘微苦，含有丰富的蛋白质、脂肪、碳水化合物、氨基酸、矿物质和维生素等营养物质。

★ 豆豉具有有发汗解表、清热透疹、宽中除烦、宣郁解毒的作用，可治感冒头痛、胸闷烦呕、伤寒寒热及食物中毒等病症。

泥蒿炒干丝

2分钟　保肝护肾

鲜　男性

泥蒿又名蒌蒿，始见载于《诗经》，《齐民要术》中有食用的记载。至宋代，常被诗人吟咏，苏轼就写过“蒌蒿满地芦芽短，正是河豚欲上时”。泥蒿有一种奇特的香味，吃后很久还会口舌留香，就像香菜一样。用它来炒香干，豆香与菜香完全融合，让整道菜无论是色彩还是口感、味道都充满惊喜，绝对是餐桌上最受欢迎的菜肴之一。

材料

泥蒿	150 克
豆腐干	100 克
红椒	15 克
姜片	5 克
蒜末	5 克
葱白	5 克

调料

盐	3 克
味精	2 克
生抽	3 毫升
水淀粉	适量
食用油	适量

食材处理

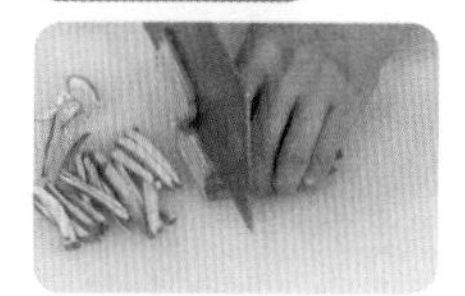
❶ 把豆腐干洗净，切丝。

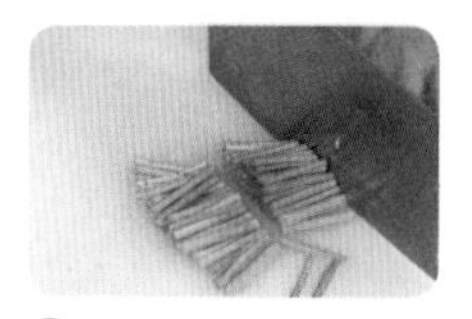
❷把洗净的泥蒿切段。

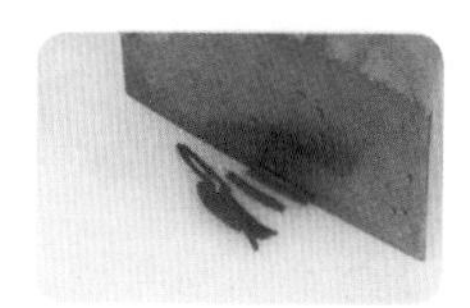
❸把洗净的红椒对半切开，去籽，切丝。

做法演示

❶ 热锅注油，烧至四成热，倒入豆干丝。

❷豆干丝滑油片刻后捞出。

❸锅留底油，倒入姜片、蒜末、葱白爆香。

❹ 倒入干丝翻炒。

❺ 加入生抽。

❻ 倒入味精、盐炒 1 分钟至入味。

❼ 倒入泥蒿、红椒丝拌炒均匀。

❽ 再加入少许盐拌炒均匀。

❾ 加入少许水淀粉。

❿ 快速拌炒均匀。

⓫ 将炒好的菜肴盛入盘中即可。

食物相宜

防治便秘

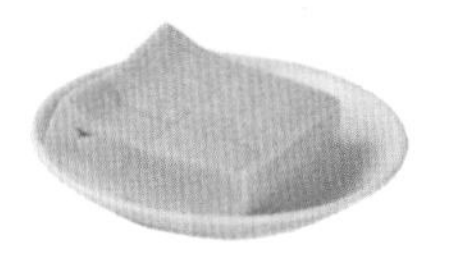
豆腐

韭菜

润肺止咳

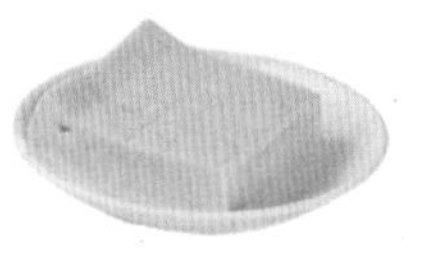
豆腐

百合

补中益气

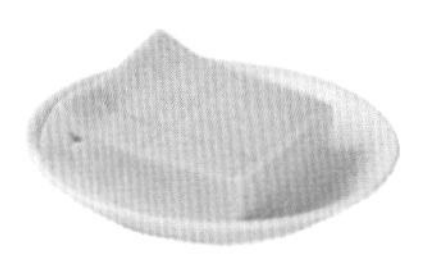
豆腐

海带

家常豆腐

4分钟 清热解毒
辣 一般人群

白嫩的豆腐与鲜红的辣椒碰撞，加上湘菜特殊的烹制方法，豆香由内而外散发出来，吃上一勺就满口留香。这道家常豆腐还可以搭配多种食材，鸡腿菇、青椒便是好的搭档。家常豆腐这道菜中既有豆腐又有菌菇，虽然没肉，也能提供充足的蛋白质。

材料

豆腐	300克
青椒	40克
鸡腿菇	20克
葱花	5克

调料

盐	2克
老抽	3毫升
豆瓣酱	适量
料酒	5毫升
水淀粉	适量
鸡精	1克
食用油	适量

食材处理

❶ 将洗好的豆腐切成方块。

❷ 将青椒洗净，切片。

❸ 把洗净的鸡腿菇切丁。

❹ 锅中倒入适量清水，加盐。

❺ 放入豆腐。

❻ 煮约2分钟后捞出。

做法演示

❶ 热锅注油，放入鸡腿菇、青椒，加料酒炒香。

❷ 倒入少许清水。

❸ 加老抽、豆瓣酱拌匀。

❹ 倒入豆腐。

❺ 煮沸后加盐、鸡精再煮1分钟至入味。

❻ 用水淀粉勾芡。

❼ 淋入熟油拌匀。

❽ 盛出装盘，撒上葱花即可。

食物相宜

清热消暑

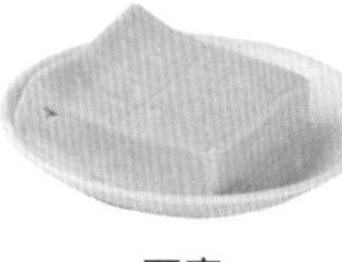

豆腐

+

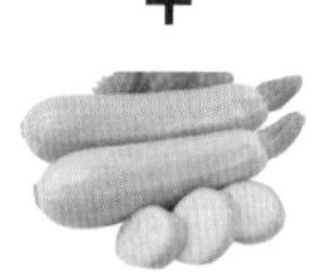

西葫芦

滋润凉血

豆腐

+

西红柿

提高身体免疫力

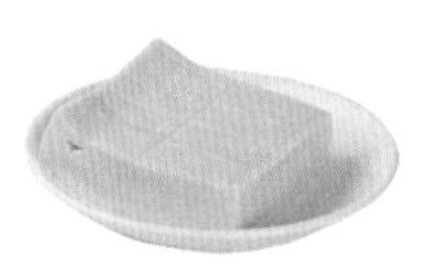

豆腐

+

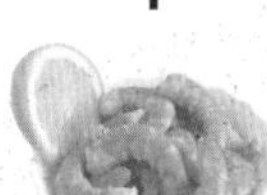

虾仁

剁椒蒸香干

6 分钟　开胃消食
辣　老年人

做菜的最高境界就是利用身边最简单的原料做出美味的食物，就像这道剁椒蒸香干，把酸辣的湖南剁椒和熏香的豆干放入锅中蒸制，香干的口感更为浓郁，特别下饭。这道菜是地地道道的湖南菜，充分发挥了剁椒的香辣，既健康又营养。

材料

香干	350 克
剁椒	70 克
葱花	5 克

调料

鸡精	3 克
白糖	2 克
芝麻油	2 毫升
淀粉	适量
食用油	适量

食材处理

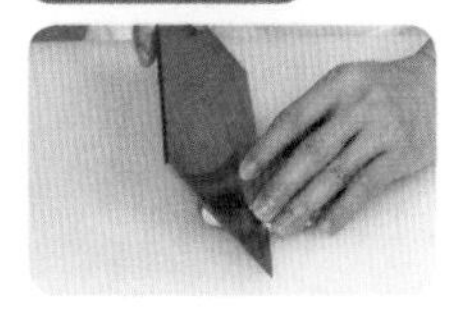

❶ 将洗净的香干斜刀切片，装入盘中备用。

❷ 在剁椒中加鸡精、白糖。

❸ 加入淀粉、芝麻油拌匀。

❹ 加入少许食用油。

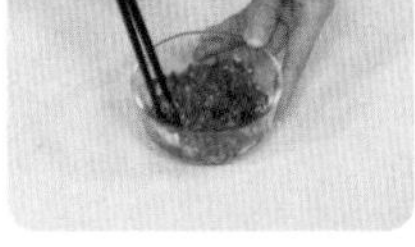

❺ 用筷子拌匀。

❻ 将拌好的剁椒铺在香干上。

做法演示

❶ 把香干放入蒸锅。

❷ 盖上锅盖，大火蒸约 5 分钟至熟透。

❸ 揭盖，将蒸熟的香干取出。

❹ 撒上备好的葱花。

❺ 浇上少许熟油即可。

制作指导

- 制作剁椒，在切红椒时，应该戴上橡胶手套，不然会被辣到。如果不小心辣到，可以涂抹一些醋来解辣。
- 做剁椒时一定不要沾到生水，切菜刀和菜板一定要用水煮过并晒干水分，容器和筷子也要保持干净无水。

养生常识

★ 葱味辛，性微温，富含脂肪、糖类、胡萝卜素等，具有发表通阳、解毒调味的作用，可用于辅助治疗风寒感冒、阴寒腹痛、恶寒发热、头痛鼻塞、二便不利等病症。

★ 葱还含有微量元素硒，可降低胃液内的亚硝酸盐含量，对预防胃癌及多种癌症有一定作用。

食物相宜

补肾壮阳

香干

+

韭菜

防治心血管疾病

香干

+

韭黄

增强免疫力

香干

+

金针菇

第3章

无肉不欢

中国人爱吃肉，更有“无肉不成席”的说法。湖南人更将肉食称为大荤。在物资匮乏的日子里，只有富裕人家才吃得起肉，而一般家庭只有初一、十五才吃得上肉，叫“打牙祭”。现在日子好了，可以肆意享受一盘酥香的小炒肉，或品尝一下腊肉的醇香，体验吃进嘴里时那种发自肺腑的快乐。

蒜苗小炒肉

3分钟　促进食欲
辣　老年人

蒜苗小炒肉是一道带有湖南风味的家常小炒，鲜嫩的猪肉，配上香辣爽口的辣椒、蒜苗，简简单单地就可以做出一道肉香浓郁、令人胃口十足的菜肴了。好吃的小炒肉细嫩，混着这辣椒、蒜苗的香味，鲜香微辣，不论是就米饭还是配粥，这道菜都会大受欢迎。

材料

五花肉	200克
蒜苗	60克
青椒	20克
红椒	20克
姜片	5克
蒜末	5克
葱白	5克

调料

盐	3克
味精	1克
水淀粉	10毫升
料酒	3毫升
老抽	3毫升
豆瓣酱	适量
食用油	适量

食材处理

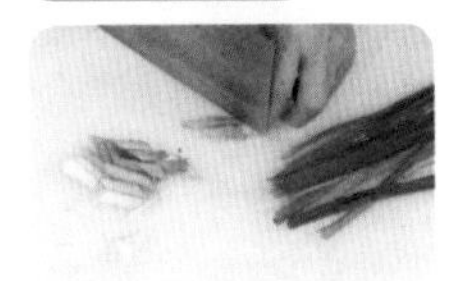
① 将蒜苗洗净切段。

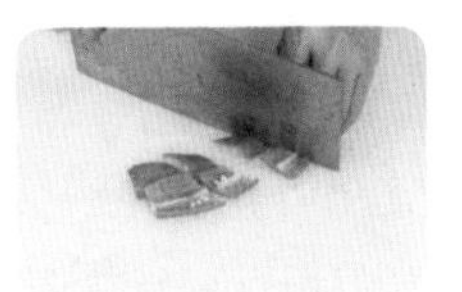
② 将青椒、红椒均洗净切片。

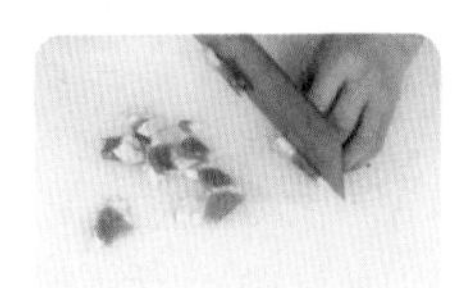
③ 将五花肉洗净，切片。

做法演示

① 热锅注油，倒入五花肉。

② 炒至出油变色，倒入姜片、蒜末、葱白炒香。

③ 淋入料酒，加少许老抽炒匀上色。

④ 加豆瓣酱炒匀。

⑤ 倒入青椒、红椒。

⑥ 加入切好备用的蒜苗。

⑦ 加盐、味精，炒匀调味。

⑧ 加少许熟油炒匀。

⑨ 加水淀粉勾芡。

⑩ 继续炒匀至入味。

⑪ 盛出装盘即可。

食物相宜

降压降糖

蒜苗

莴笋

养生常识

★ 中医认为，猪肉性味苦、微寒，有小毒，入脾、肾经，有滋养脏腑、润泽肌肤、补中益气、滋阴养胃的作用。

★ 猪肉营养丰富，蛋白质和胆固醇含量高，还富含维生素 B_1 和锌等，是人们最常食用的动物性食品。

★ 猪的全身都是宝，用猪的器官和药材搭配进行治病和美容，在中国众多的医家处方里经常出现。

酸豆角炒五花肉

3分钟　开胃消食
酸　一般人群

五花肉肥而不腻的口感深受大家的喜爱，酸豆角酸酸的口感很美味，也很下饭。用酸豆角炒五花肉，融合了五花肉酸豆角的香味，口感更好。这道菜肴是夏日里最好下饭的菜之一，配上一碗满满的米饭，或一份软糯的粥，堪称是一种享受。

材料

五花肉	300克
酸豆角	100克
蒜苗段	20克
红椒	20克
蒜末	5克

调料

盐	3克
味精	1克
白糖	2克
水淀粉	适量
老抽	3毫升
高汤	适量
食用油	适量

食材处理

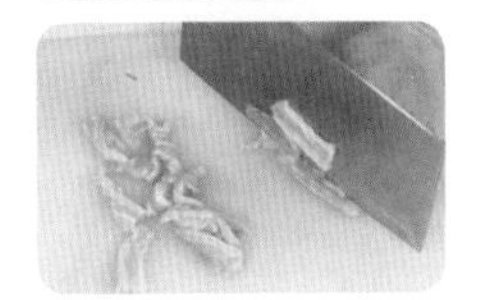

❶将五花肉洗净，切片。

❷将酸豆角洗净，切段。

❸将红椒洗净，切丝。

❹锅中加清水烧开，倒入酸豆角，加少许盐。

❺焯煮片刻，捞出沥干水分。

❻将豆角装入盘中备用。

做法演示

❶用食热锅注油，倒入五花肉翻炒至出油。

❷淋入少许高汤，加入少许老抽炒匀。

❸放入蒜末、酸豆角炒匀。

❹加盐、味精、白糖，炒匀调味。

❺加少许清水烧煮片刻。

❻放入红椒丝、蒜苗段。

❼加入水淀粉炒匀，淋入熟油。

❽快速翻炒均匀。

❾出锅装盘即可。

食物相宜

降低胆固醇

猪肉

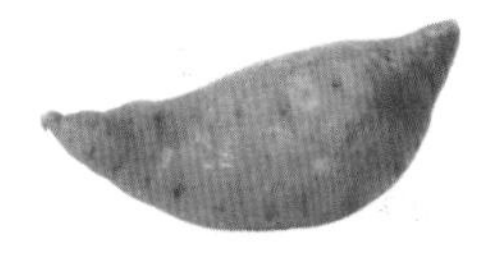

红薯

开胃消食

猪肉

白菜

开胃消食

猪肉

莴笋

茭白炒五花肉

4分钟 增强免疫
辣 一般人群

夏季正是吃茭白的季节，茭白搭配很多食材做出来味道都是很鲜美的。这道茭白炒五花肉中的茭白本就鲜香无比，又吸收了五花肉的油香，吃起来更加可口；而五花肉则少了几分油腻，吃起来更加清爽。无论做什么菜，只要选对食材，掌握好火候，就会让人吃起来满口生香。

材料		调料	
茭白	100克	盐	2克
五花肉	150克	老抽	3毫升
蒜苗	30克	生抽	3毫升
青椒	15克	料酒	5毫升
红椒	15克	鸡精	1克
姜片	5克	水淀粉	适量
葱段	5克	食用油	适量

食材处理

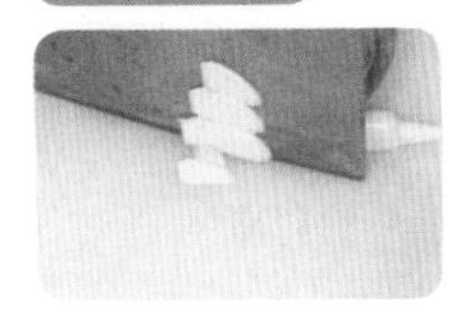

❶将洗净的茭白切片。

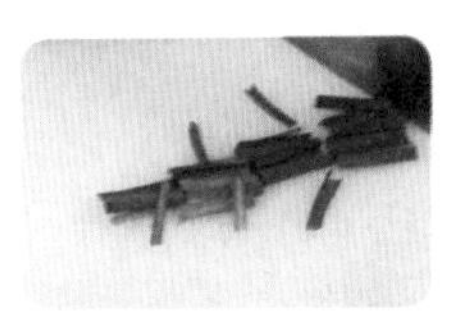

❷将洗好的蒜苗切段。

❸将青椒、红椒均洗净切片。

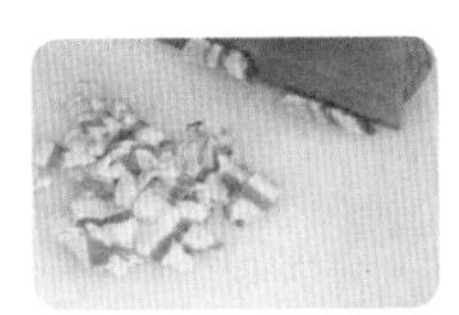

❹把洗好的五花肉切片。

❺锅中加入清水烧热，加食用油、盐煮沸，放入茭白。

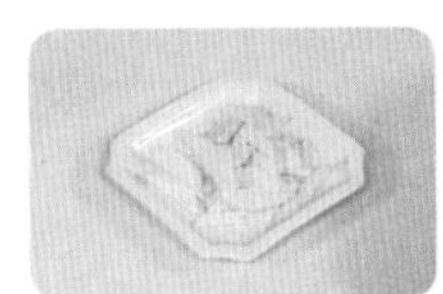

❻煮约1分钟至沸后捞出装盘。

做法演示

❶热锅注油，倒入五花肉炒至出油。

❷加老抽、生抽、料酒炒香。

❸倒入姜片、葱段、蒜苗、青椒、红椒炒匀。

❹倒入茭白炒匀。

❺加盐、鸡精，用水淀粉勾芡，淋入熟油拌匀。

❻在锅中炒匀至入味，盛出装盘即可。

制作指导

✪ 茭白水分极高，若放置过久会丧失鲜味，最好即买即食。若需保存，可以用纸包住，再用保鲜膜包裹，放入冰箱保存。

食物相宜

保持营养均衡

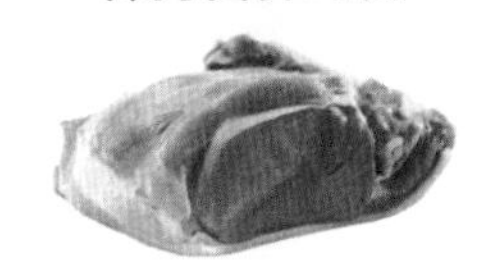

猪肉

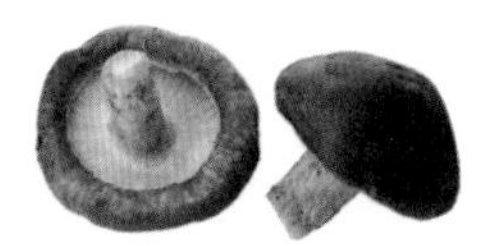

香菇

增强免疫力

猪肉

+

鸡蛋

生津补血

猪肉

黄豆芽

冬笋酸菜肉丝

3分钟　开胃消食
酸　肠胃病患者

冬笋酸菜肉丝，这道菜应该算得上是湘菜中的经典了。每到冬笋上市的季节，大部分的湘菜馆都会推出这一湖南特色菜。鲜嫩的冬笋再配上酸菜和瘦肉，那种滋味，喜欢湘菜的朋友们一定会迷恋上的。

材料		调料	
酸菜	200克	盐	2克
冬笋	100克	味精	1克
瘦肉	100克	淀粉	适量
蒜末	5克	料酒	5毫升
姜片	5克	蚝油	5毫升
红椒丝	20克	水淀粉	适量
青椒丝	20克	食用油	适量

食材处理

❶ 将已去皮洗好的冬笋切丝。

❷ 将酸菜切丝。

❸ 把洗净的瘦肉切成丝。

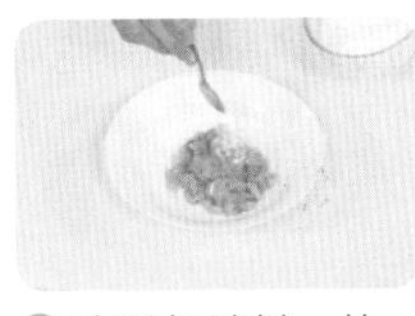

❹ 肉丝加淀粉、盐、味精拌匀。

❺ 倒入少许水淀粉拌匀。

❻ 热锅注油，烧至四成热，倒入肉丝。

❼ 滑油至断生后捞出。

❽ 锅中加清水和盐烧热，下入酸菜煮沸，下入冬笋。

❾ 煮沸后捞出备用。

做法演示

❶ 热锅注油，下入蒜末、姜片、红椒丝、青椒丝。

❷ 倒入酸菜、冬笋炒片刻。

❸ 倒入肉丝，加料酒、盐、味精、蚝油翻炒至熟透。

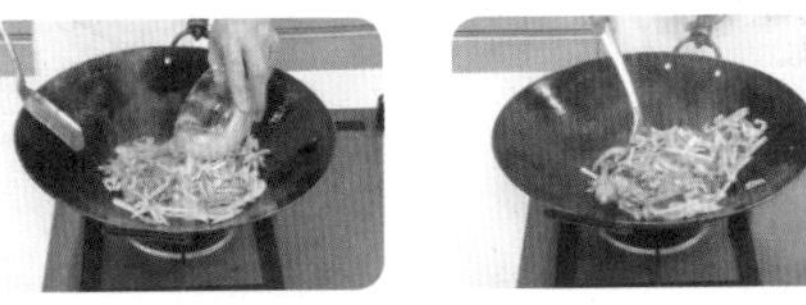

❹ 用水淀粉勾芡。

❺ 淋入熟油炒匀。

❻ 盛入盘内即可。

食物相宜

促进消化

冬笋

鸡腿菇

通便减肥

冬笋

香菇

养生常识

★ 冬笋含有丰富的胡萝卜素、维生素 B_1、维生素 B_2、维生素C等营养成分，能帮助消化和排泄，起到减肥、预防大肠癌的作用。

★ 冬笋具有滋阴凉血、和中润肠、清热化痰、解渴除烦、清热益气、利膈爽胃、利尿通便、解毒透疹的作用。

小炒猪颈肉

4 分钟　增强免疫
辣　一般人群

猪颈肉是猪颈部夹在肥肉中间的瘦肉部分，纤维较为细软，结缔组织少，肌肉中含有较多的肌间脂肪，加工后，口感细腻、有弹性，味道鲜美。小炒猪颈肉在烹饪中加入了湖南的剁椒，肉质吸收了辣椒的辣味和青椒、红椒的鲜香，口感非常清爽，绝对是下饭下酒的绝配菜肴！

材料		调料	
熟猪颈肉	200 克	盐	3 克
青椒	30 克	味精	1 克
红椒	30 克	老抽	3 毫升
老干妈*	25 克	料酒	5 毫升
姜片	5 克	水淀粉	适量
蒜末	5 克	食用油	适量
干辣椒	3 克		

* “老干妈”指“老干妈豆豉酱”，后文同。

食材处理

❶ 将猪颈肉切片。

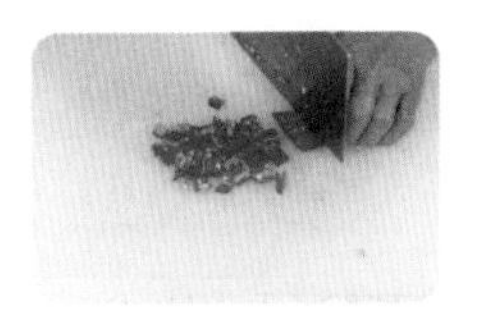

❷ 将红椒洗净，先切条，后切丁。

❸ 将青椒洗净，先切条，再切丁。

做法演示

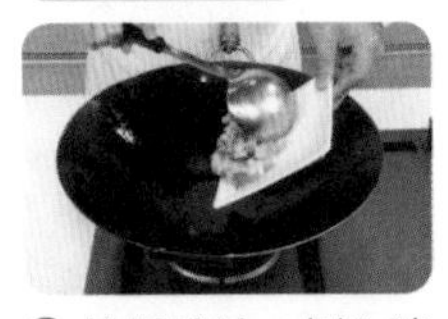

❶ 热锅注油，倒入猪颈肉炒1分钟至出油。

❷ 加老抽上色。

❸ 加干辣椒、姜片、蒜末炒香。

❹ 加料酒炒匀，倒入老干妈翻炒。

❺ 加入青椒、红椒拌炒均匀。

❻ 调入盐、味精，炒1分钟至入味。

❼ 加入少许水淀粉。

❽ 拌炒均匀。

❾ 装入盘中即可。

制作指导

- 生猪颈肉一旦粘上脏东西，会很油腻，不易洗净。如果用温淘米水洗两遍，再用清水冲洗一下，脏东西就容易除去了。

食物相宜

健脾益气

猪肉

芋头

开胃消食

猪肉

青椒

健脾益胃

猪肉

+

板栗

酸豆角肉末

3分钟　开胃消食
辣　一般人群

酸豆角肉末很多地方都有，不同的酸豆角泡发和炒法上的差异，让这道普通的家常菜味道多样，但都十分下饭，而且若许久不吃，还会有几分想念。由于气候原因，湘味酸豆角有种掩不住的自然清香，和肉末、剁椒一炒，酸辣中带着瘦肉的香味，让人欲罢不能。

材料

酸豆角　200克
剁椒　20克
瘦肉　100克
葱白　5克
蒜末　5克

调料

盐　3克
水淀粉　10毫升
味精　1克
白糖　1克
料酒　3毫升
芝麻油　适量
食用油　适量

食材处理

❶ 将洗净的酸豆角切成丁。

❷ 洗净的瘦肉剁成肉末。

❸ 锅中加清水烧开，加入酸豆角、油，煮约 1 分钟捞出。

做法演示

❶ 热锅注油，倒入蒜末、葱白、剁椒爆香。

❷ 倒入肉末炒至白色，加料酒炒匀。

❸ 倒入酸豆角。

❹ 翻炒约 1 分钟。

❺ 加少许盐、味精、白糖炒匀调味。

❻ 用水淀粉勾芡。

❼ 淋上少许熟油、芝麻油。

❽ 翻炒均匀。

❾ 盛入盘中即可。

制作指导

✪ 猪肉洗净后，要斜切，这样炒的时候既不易碎散，吃的时候也不会塞牙，口感更好。

食物相宜

开胃消食

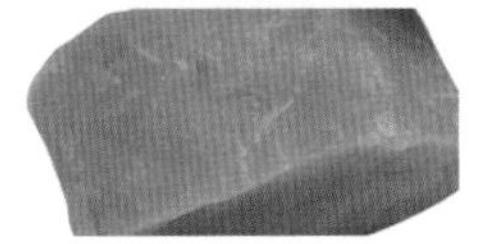

瘦肉

白菜

祛斑消淤

瘦肉

山楂

增强身体免疫力

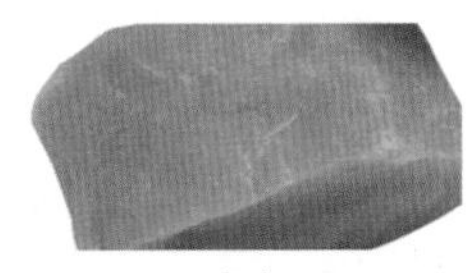

瘦肉

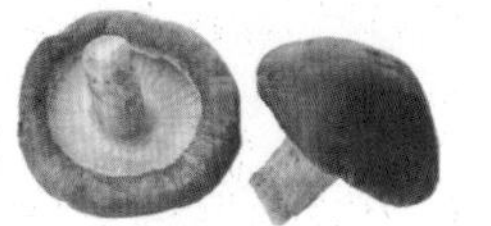

香菇

剁椒肉末炒苦瓜

3分钟　清热降糖
鲜　糖尿病患者

炎热的天气，苦瓜是消暑的好食材，与剁椒、肉片的搭配可谓相得益彰，几番翻炒就能做成一道剁椒肉末炒苦瓜，轻松消除炎热给大家带来的不适。这道菜色泽诱人、回味无穷，可谓是健康食品。苦瓜清热祛火，还可以用于多种菜肴的搭配。

材料

苦瓜	300克
五花肉	70克
蒜末	5克
姜片	5克
葱段	5克
剁椒	适量

调料

盐	3克
水淀粉	10毫升
蚝油	3毫升
白糖	3克
老抽	3毫升
味精	1克
食用油	适量

食材处理

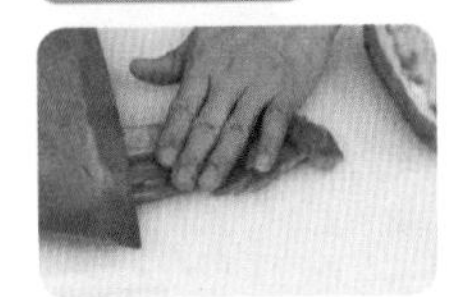

❶ 把洗净的苦瓜切开，去籽，切条，改切成片。

❷ 把洗净的五花肉切碎，剁成肉末。

❸ 锅中加清水烧开，加少许盐。

❹ 放入苦瓜拌匀，大火煮约1分钟至断生。

❺ 将煮好的苦瓜捞出，沥干水分装入盘中备用。

做法演示

❶ 热锅注油，倒入肉末炒至出油。

❷ 加入少许老抽上色，倒入蒜、姜、葱段炒香。

❸ 倒入苦瓜拌炒约1分钟。

❹ 加盐、蚝油、味精、白糖。

❺ 拌炒至入味。

❻ 倒入水淀粉勾芡。

❼ 加入剁椒。

❽ 拌炒均匀。

❾ 盛出装盘即可。

食物相宜

增强免疫力

苦瓜

洋葱

延缓衰老

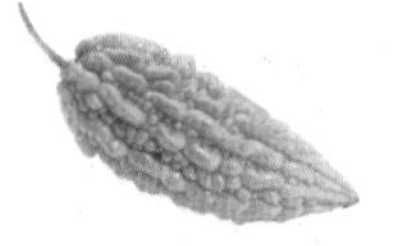

苦瓜

茄子

清热利湿

苦瓜

黄豆芽

粉蒸肉

22分钟　降压降糖
清淡　糖尿病患者

这道粉蒸肉糯而清香，酥而爽口，有肥有瘦，红白相间，嫩而不糜，米粉油润，五香味浓郁。嫩滑厚腻的米粉配上香香的五花肉，每次吃都让人觉得特别过瘾，甜香的南瓜作为配菜，也让整道菜的味道变得更加丰富。在湖南，粉蒸肉可以选择偏辣口味或偏甜口味，配菜还可以选择老藕、红薯等蔬菜。

材料

南瓜	400克
五花肉	350克
蒸肉粉	35克
蒜末	5克
葱花	5克

调料

盐	4克
生抽	3毫升
鸡精	1克

食材处理

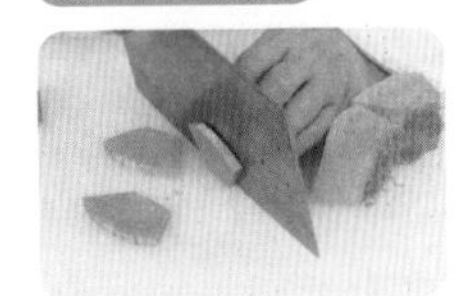

❶将南瓜洗净去皮，切段，去除瓜瓤，改切成片。

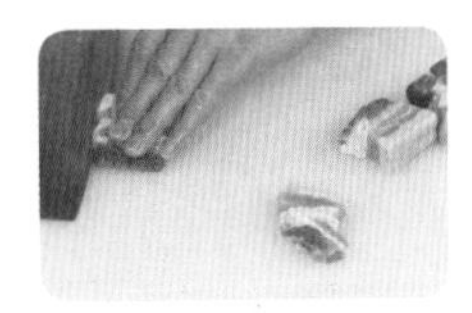

❷将洗净的五花肉切成片。

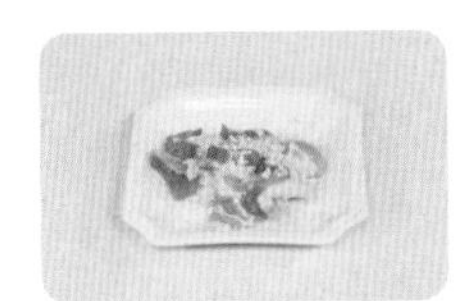

❸将切好的肉片装入盘中，加入蒜末。

❹加入生抽、盐、鸡精拌匀。

❺加入蒸肉粉拌匀，腌渍 15 分钟入味。

❻将切好的南瓜摆入盘中。

做法演示

❶将南瓜、五花肉放入蒸锅。

❷加盖，中火蒸 20 分钟至熟透。

❸揭盖，将粉蒸肉取出，撒上葱花即成。

制作指导

- 蒸肉粉要粗细各半，全部用粗的粘不牢，全部用细的则不够香，粗细各取半最为适中。
- 蒸肉粉一定要与调味料混合后才入味，若只是干的裹在外层，蒸好后会形成厚厚一层粉，不但易脱落，也没味道。
- 粉蒸肉除了用南瓜作配菜，也可以使用莲藕。

食物相宜

补中益气

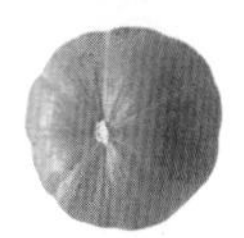

南瓜

小米

补肾健脾

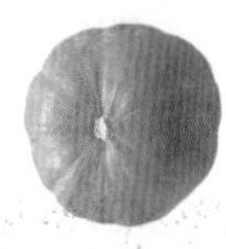

南瓜

山药

莲藕粉蒸肉

22分钟　益气补脾
鲜　一般人群

烹制粉蒸肉时，湖南人通常会在米粉和五花肉中添加一些其他配料，这样吃起来不会太腻。清香的莲藕，是粉蒸肉的最佳搭档。莲藕既吸收了猪肉的油脂和香味，也消解了猪肉的油腻，一举两得。准备的时候，将莲藕和五花肉一起腌渍，充分入味后拌上米粉，入锅蒸熟。五花肉香糯软烂，莲藕入口即化，每一丝味道都渗透进了食客的味蕾。

材料

五花肉　300克
莲藕　200克
蒸肉米粉　适量
葱花　5克

调料

鸡精　1克
盐　3克

食材处理

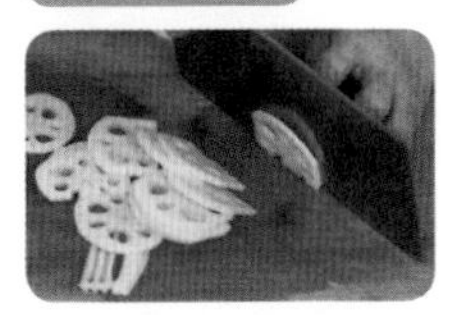

❶将莲藕去皮洗净，切片。

❷将五花肉洗净，切片。

❸将肉片装入碗中，加蒸肉粉裹匀，再加鸡精、盐拌匀。

做法演示

❶将肉片、藕片间隔摞在盘中，做完后放入蒸锅。

❷盖上锅盖，中火蒸20分钟至熟透。

❸揭盖，取出蒸熟的肉片、藕片。

❹撒入葱花。

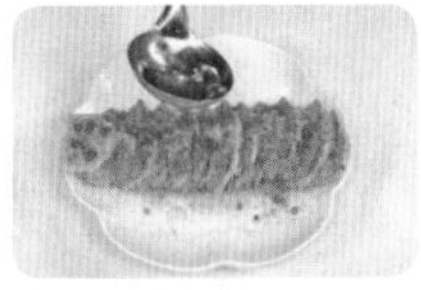

❺淋入熟油即成。

制作指导

- 制作粉蒸肉宜挑选肥瘦适当的五花肉。这样的五花肉层层肥瘦相间，比例接近，不油不涩，口感恰好。
- 稍微捏、按一下，好的五花肉质弹性佳，猪皮表面细致，不会过干或过油。
- 新鲜五花肉正常应该是鲜红色的，若颜色不正常，则不要选购。
- 明亮的色泽代表五花肉新鲜，过暗很可能是不新鲜了；而太鲜艳则很可能经过人工处理。

养生常识

★ 猪肉含有丰富的优质蛋白质和必需的脂肪酸，并能提供血红蛋白（有机铁）和促进铁吸收的半胱氨酸，能改善缺铁性贫血。

★ 猪肉性微寒，有解热功能，能补肾气虚弱。

食物相宜

滋阴血，健脾胃

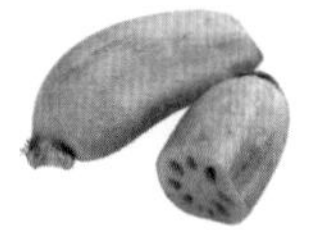

莲藕

猪肉

止呕

莲藕

生姜

健脾开胃

莲藕

大米

烟笋烧肉

4 分钟　开胃消食
辣　一般人群

烟笋是百搭的食材，既可搭配素菜，也可搭配荤食。烟笋与五花肉能够合作得天衣无缝，带有特殊烟熏香味的烟笋，吸收了五花肉的油香，竹笋本身的清香也发挥得淋漓尽致，让烟笋烧肉这道菜能轻易勾起人的食欲。一口烟笋，一口肉，唇齿间香气四溢，加上独有的口感，是谁都难以抵挡的诱惑。

材料

烟笋 80 克
五花肉 200 克
红椒片 15 克
蒜苗 25 克
姜片 5 克
蒜末 5 克
葱白 5 克

调料

盐 3 克
味精 1 克
水淀粉 适量
芝麻油 适量
豆瓣酱 适量
料酒 适量
食用油 30 毫升

食材处理

❶ 将五花肉洗净，切成片。蒜苗切段，蒜梗、蒜叶分开。

❷ 锅中加入适量清水烧开，加入油、盐、味精拌匀。

❸ 倒入烟笋拌匀，煮沸后捞出。

做法演示

❶ 锅置旺火上，注油烧热，倒入五花肉炒至出油。

❷ 加入豆瓣酱、料酒炒至上色。

❸ 倒入姜片、蒜末、葱白炒匀。

❹ 倒入烟笋、蒜梗、红椒片炒匀。

❺ 加入盐、味精，炒匀调味。

❻ 倒入蒜叶炒匀。

❼ 加入少许水淀粉勾芡。

❽ 淋入少许芝麻油炒匀。

❾ 盛入盘内。

食物相宜

开胃消食

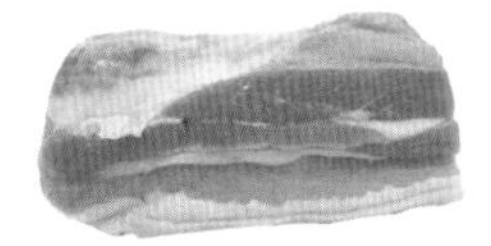

五花肉

白菜

补脾益气

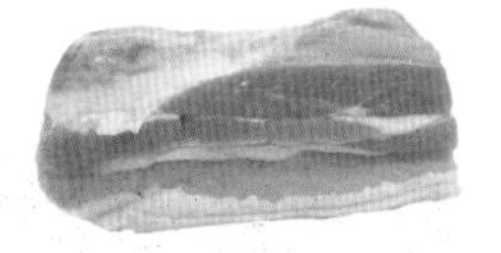

五花肉

莴笋

制作指导

✪ 烟笋在焯水之前可以用清水浸泡，再焯水后就会变得较软了。炒的时间不需要太长便可熟透。

西芹炒腊肉

4分钟　提神健脑
咸　一般人群

农家菜中很喜欢用到腊肉，腊肉炒出来的菜不仅味道浓香，而且还非常有嚼劲，绝对是下饭的“好帮手”。在炒腊肉的时候搭配西芹，荤素搭配，不仅整道菜颜色更加漂亮，味道更加丰富，营养也更加全面。西芹鲜甜脆嫩，香芹腊肉咸鲜，清新与浓郁相互交融，让这道菜成为最受欢迎的下饭菜之一。

材料		调料	
西芹	100克	盐	3克
腊肉	80克	味精	1克
青椒	20克	白糖	2克
红椒	20克	水淀粉	适量
蒜末	5克	料酒	5毫升
姜片	5克	食用油	适量

食材处理

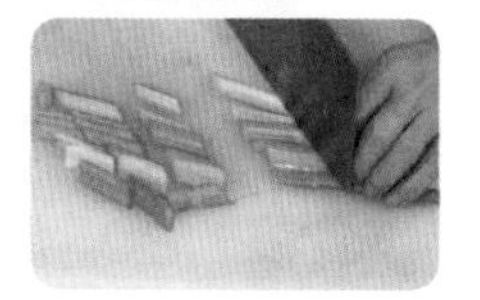

❶将洗净的西芹切段。

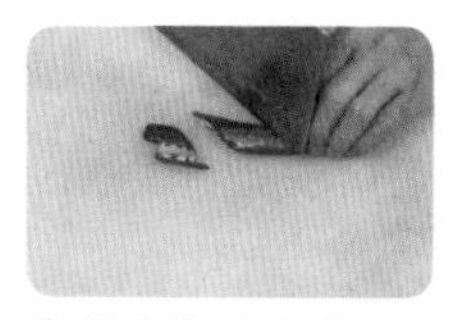

❷将青椒、红椒切片。

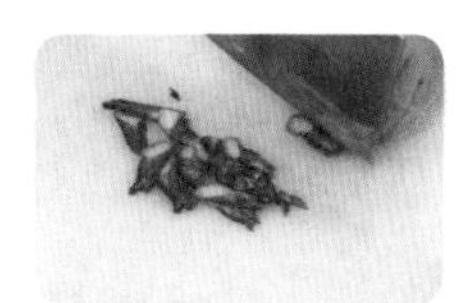

❸将洗好的腊肉切成片。

做法演示

❶锅中注水烧开，加入盐、油，倒入西芹。

❷煮沸后捞出西芹。

❸倒入腊肉，煮沸后捞出。

❹锅置旺火上，注油烧热。

❺倒入腊肉翻炒。

❻炒至出油后淋入少许料酒，加蒜末、姜片翻炒。

❼倒入青椒、红椒炒匀。

❽倒入西芹翻炒，约1分钟至熟。

❾加入少许盐、味精、白糖调味。

❿再加适量水淀粉勾芡。

⓫翻炒均匀。

⓬盛入盘内即可。

食物相宜

促进食欲

西芹

芥末

清肝降火

西芹

苦瓜

养生常识

★ 西芹性凉、味甘，含有芳香油、多种维生素、多种游离氨基酸等营养成分，有促进食欲、降低血压、健脑、清肠利便、解毒消肿、促进血液循环等功效。

泥蒿炒腊肉

5分钟　开胃消食
清淡　一般人群

泥蒿有一股特殊的清香，脆嫩爽口，和腊肉一起炒，腊肉黄里透红，泥蒿青绿，不管是色彩还是味道都会让人食欲大开。炒的时候可放上一点韭菜，非常提味，或将腊肉换成香干，也可做成一道不错的素菜。

材料

泥蒿　250克
熟腊肉　200克
红椒丝　15克
蒜末　15克

调料

盐　3克
味精　1克
料酒　5毫升
水淀粉　适量
蒜油　适量
食用油　适量

食材处理

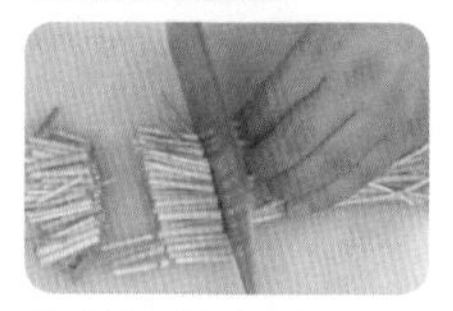

❶ 将泥蒿洗净切段。

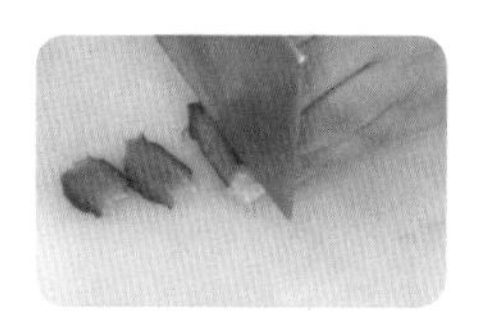

❷ 将腊肉切薄片。

做法演示

❶ 锅中注入食用油，烧热，倒入腊肉，炒匀。

❷ 加入蒜末，炒香。

❸ 倒入泥蒿，翻炒至熟。

❹ 加入盐、味精、料酒，炒匀调味。

❺ 放入红椒丝炒匀。

❻ 加入少许水淀粉勾芡。

❼ 淋入少许蒜油。

❽ 快速拌炒均匀。

❾ 出锅盛入盘中即可食用。

制作指导

- 腊肉和泥蒿同炒，是绝妙的搭配。腊肉的荤油融入清爽的泥蒿，使得肉少了肥腻而清新，菜多了肉香而浓郁，口感甚佳，开胃下饭。

食物相宜

开胃消食

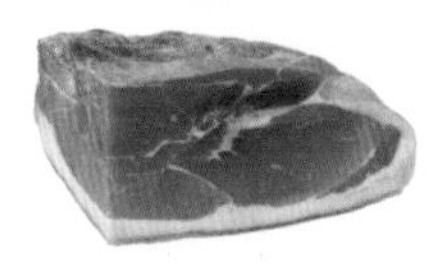

腊肉

白菜

消食、除胀、通便

腊肉

白萝卜

西葫芦炒腊肉

4分钟　增强免疫
辣　一般人群

西葫芦富含水分，在所有的蔬菜中像出尘的“娇女子”，在食用上以清新爽口著称。腊肉则富有生活气息，口味厚重饱满，可作为湖南人最佳的冬令食材之一。蔬菜与腊肉的搭配总是能给人意想不到的惊喜，这道西葫芦炒腊肉胜在营养均衡，口味清淡，虽然使用腊肉为主料，却一点也不让人觉得油腻厚重。

材料

西葫芦 300克
腊肉 100克
姜片 5克
蒜末 5克
葱段 5克
红椒片 20克

调料

盐 3克
味精 1克
鸡精 1克
料酒 5毫升
水淀粉 适量
蚝油 5毫升
老抽 3毫升
食用油 适量

食材处理

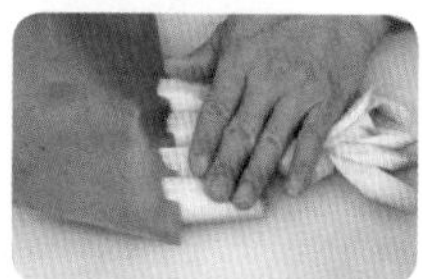
❶ 将洗净的西葫芦切成片。

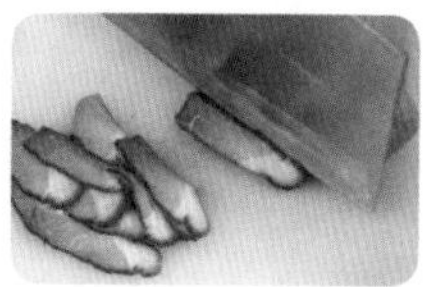
❷ 把洗好的腊肉切成片。

❸ 锅中注入清水烧开，倒入腊肉，煮沸后捞出。

做法演示

❶ 热锅注油，倒入腊肉，翻炒至出油。

❷ 锅中加入姜片、蒜末、葱段、红椒炒匀。

❸ 锅中倒入西葫芦。

❹ 炒 1 分钟至熟。

❺ 锅中加入料酒、盐、味精、鸡精调味。

❻ 加入蚝油、老抽炒匀。

❼ 加入少许水淀粉勾芡，淋入熟油炒匀。

❽ 盛入盘内即可。

制作指导

✪ 将切好的西葫芦片放在盐水中，浸泡一会儿后捞出，再放入清水中清洗去盐，这样炒出的西葫芦不易出水。

养生常识

★ 中医认为，西葫芦具有清热利尿、除烦止渴、润肺止咳、消肿散结的功能。可用于辅助治疗水肿腹胀、烦渴、疮毒以及肾炎、肝硬化腹水等症。

★ 西葫芦含有一种干扰素的诱生剂，可以刺激机体产生干扰素，从而提高免疫力，发挥抗病毒和肿瘤的作用。

食物相宜

增强免疫力

西葫芦

洋葱

补充优质蛋白

西葫芦

鸡蛋

蕨菜炒腊肉

3分钟　开胃消食
辣　孕产妇

冬去春来，万物复苏，山野间的蕨菜冒出了头儿。蕨菜味道鲜美，有“山珍之王”的美誉，绝对是大自然的馈赠。将采摘回来的新鲜蕨菜，洗净后素炒即是一道难得的美味。蕨菜炒腊肉，腊肉浓香却不腻口、蕨菜清脆爽口略带肉香，它们的配合近乎完美，因此成为湖南人每年春天必吃的一道菜。

材料

蕨菜	100克
腊肉	100克
姜片	5克
蒜末	5克
葱白	5克
青椒片	20克
红椒片	20克

调料

盐	3克
味精	1克
白糖	2克
料酒	5毫升
水淀粉	适量
食用油	适量

食材处理

❶ 将洗净的蕨菜切成段。

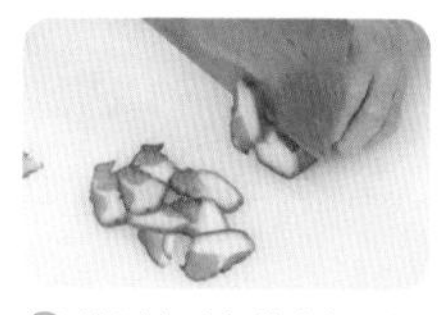

❷ 将洗好的腊肉切片。

❸ 热水锅中倒入腊肉。

❹ 煮沸后捞出。

❺ 放入蕨菜拌匀。

❻ 煮沸后捞出。

做法演示

❶ 热锅注油，倒入腊肉炒至出油。

❷ 放入姜片、蒜末、葱白、青椒片、红椒片炒香。

❸ 放入蕨菜。

❹ 翻炒片刻至熟透。

❺ 加入盐、味精、白糖、料酒。

❻ 炒匀调味。

❼ 加入少许水淀粉。

❽ 拌炒均匀。

❾ 盛入盘中即成。

食物相宜

开胃消食

蕨菜

青椒

清热利湿

蕨菜

马齿苋

养生常识

★ 蕨菜中的蕨菜素对细菌有一定的抑制作用，可用于发热不退、肠风热毒、湿疹、疮疡等病症，具有良好的清热解毒、杀菌消炎作用。

山药炒腊肉

2分钟 开胃消食
咸 一般人群

在日常生活中，选择健康的食材，就能给家人一份关爱。山药是滋补养生的好食材，尤其适合秋冬季节食用。腊肉的浓香厚重是最大的特色，与很多食材搭配都能呈现本身的风味。山药炒腊肉，山药清脆洁白，腊肉咸香鲜红，虽然简单却是能真真切切品尝到的美味。

材料

山药	150克
腊肉	120克
青椒片	2克
红椒片	2克
蒜末	5克
姜片	5克

调料

盐	3克
白醋	适量
水淀粉	适量
味精	1克
白糖	2克
料酒	5毫升
食用油	适量

食材处理

❶ 锅中倒入适量清水，放入腊肉。

❷ 加盖，煮约 5 分钟以去除腊肉的部分咸味。

❸ 揭盖，捞出煮好的腊肉。

❹ 将腊肉切成片。

❺ 将已去皮洗净的山药切片。

❻ 另起锅，注水烧开，加少许盐和食用油。

❼ 放入山药。

❽ 加入少许白醋，焯煮 1 分钟至熟。

❾ 捞出山药。

做法演示

❶ 热锅注油，倒入蒜末、姜片和青椒片、红椒片炒香。

❷ 倒入腊肉炒匀。

❸ 倒入山药。

❹ 加盐、味精、白糖、料酒，炒匀。

❺ 用水淀粉勾芡，炒至入味。

❻ 盛盘即可。

食物相宜

预防骨质疏松

山药

+

芝麻

补血养颜

山药

+

红枣

滋补止咳

山药

+

百合

蒜苗炒腊肉

4分钟 开胃消食
辣 一般人群

蒜苗炒腊肉是经典湘菜之一，以蒜苗和腊肉做主料炒制而成，干、香、辣味道浓郁。恐怕再没有比这道菜更下饭的了，腊肉和蒜苗炒出来的香辣，绝对能让你体会到什么才是地道的湖南菜，这就是“辣妹子”的情怀。

材料

腊肉	150克
蒜苗	150克
甜椒片	30克
干辣椒	1克
葱段	5克
蒜末	5克

调料

味精	3克
水淀粉	10毫升
料酒	3毫升
食用油	适量

食材处理

❶ 将洗净的蒜苗切段，蒜叶、蒜梗分开。

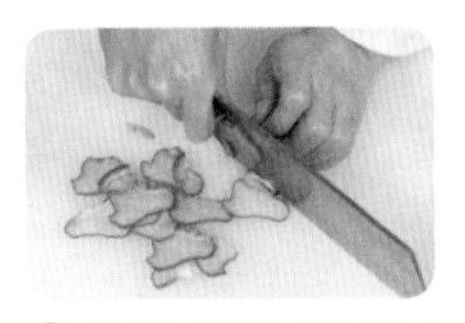

❷ 将洗好的腊肉切薄片。

❸ 锅中加清水烧热，倒入腊肉，煮约1分钟。

❹ 将煮好的腊肉捞出。

做法演示

❶ 热锅注油，倒入腊肉，炒至出油。

❷ 倒入洗好的干辣椒、蒜末、葱段、甜椒片，炒匀。

❸ 倒入蒜梗，炒匀。

❹ 加入料酒和少许清水，炒匀。

❺ 倒入蒜叶、味精炒匀。

❻ 加少许熟油炒匀。

❼ 加水淀粉勾芡。

❽ 翻炒至熟透。

❾ 盛入盘中即可。

食物相宜

降压降糖

蒜苗

+

芹菜

通便减肥

蒜苗

蘑菇

养生常识

★ 甜椒含有丰富的铜，维生素C、维生素B、胡萝卜素。越红的甜椒营养含量越多，其所含的维生素C远胜于其他蔬菜。

★ 甜椒可以辅助预防白内障、心脏病和癌症。

莴笋炒腊肉

3分钟　开胃消食
辣　一般人群

莴笋炒腊肉荤素搭配，莴笋脆嫩，腊肉浓香，可谓是下饭好菜。春天的莴笋脆口、清香，是色香味俱佳的健康菜。虽然它总让人感觉很“娇气”，轻轻炒几下就会失掉原有的清香，但是腊肉跟它是绝配，不但让莴笋发挥了本身的清香，还在此基础上更添了一分油香，让原本朴素的莴笋也华丽一次，潇洒一把。

材料

莴笋	200克
腊肉	150克
红椒	20克
姜片	5克
蒜末	5克
葱白	5克

调料

盐	6克
水淀粉	10毫升
鸡精	1克
味精	1克
辣椒酱	适量
料酒	5毫升
食用油	适量

食材处理

❶ 把洗净的莴笋斜刀切段，切成片。

❷ 把洗净的红椒，对半切开，切成片。

❸ 将洗净的腊肉切成片。

❹ 锅中加清水烧开，加少许食用油，加盐，倒入莴笋。

❺ 倒入红椒拌匀。

❻ 煮沸后捞出备用。

❼ 倒入切好的腊肉。

❽ 煮沸后捞出沥干。

做法演示

❶ 热锅注油，倒入姜片、蒜末、葱白爆香。

❷ 倒入腊肉炒匀，淋上料酒炒香。

❸ 倒入莴笋、红椒。

❹ 加鸡精、盐、味精。

❺ 倒入辣椒酱炒匀调味。

❻ 加水淀粉勾芡。

❼ 加少许熟油炒匀。

❽ 炒匀至入味。

❾ 将炒好的莴笋腊肉盛入盘中即可。

食物相宜

清热利尿

莴笋

+

苦瓜

降脂降压

莴笋

+

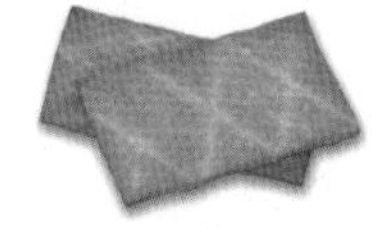

豆干

红酒烩腊肉

6分钟　开胃消食
咸　男性

创意让餐桌更加丰富，红酒与腊肉本是风马牛不相及的两种食物，但在湘菜中却实现了完美的配合。红酒烩腊肉，腊肉独特的烟熏味和红酒中的甜味搭配，然后各自的香味在口腔中糅合，既浓烈又和谐。这种中西合璧的创意让人不自觉地沉浸于味蕾的满足中，慢慢地品味吃的幸福。

材料

腊肉	300克
红酒	75毫升
青椒片	15克
红椒片	15克
蒜苗段	45克
干辣椒段	3克

调料

料酒	5毫升
生抽	5毫升
水淀粉	适量
食用油	适量

做法演示

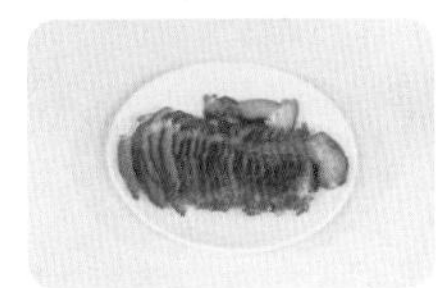

❶ 把洗净的腊肉切片放在盘中备用。

❷ 炒锅热油，放入干辣椒爆香。

❸ 倒入腊肉炒匀。

❹ 倒入蒜苗段、青椒片、红椒片。

❺ 注入少许清水，翻炒均匀，倒入红酒。

❻ 加料酒煮片刻至入味。

❼ 淋入生抽炒匀。

❽ 用水淀粉勾芡炒匀。

❾ 盛入盘中即可。

制作指导

- 挑选腊肉时，注意观其色泽，探其肉质。若腊肉色泽鲜明，肌肉呈鲜红或暗红色，脂肪透明或呈乳白色，肉身干爽、结实、富有弹性，具有腊肉应有的腌腊风味，就是优质腊肉。
- 反之，若肉色灰暗无光、脂肪发黄、有霉斑、肉松软、无弹性，带有黏液，有酸败味或其他异味，则是变质的腊肉或次品。

养生常识

★ 红酒含有丰富的原花青素和白藜芦醇。原花青素是保卫心血管的标兵，白藜芦醇则是出色的癌细胞杀手。每天喝一定量的优质葡萄酒，可以有效预防乳腺癌、胃癌等疾病。

★ 红酒含有聚酚等有机化合物，可降低血脂、抑制坏的胆固醇、软化血管、增强心血管功能和心脏活动。

食物相宜

提高食欲 促进消化

腊肉

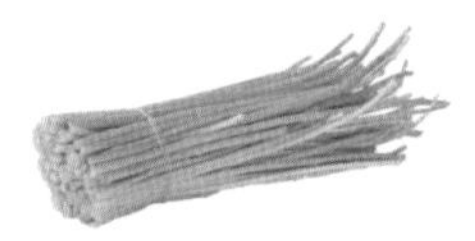

泥蒿

开胃消食

腊肉

豆豉

腊肉滑草菇

7分钟　开胃消食
鲜　一般人群

草菇同所有菌类一样营养丰富，经过滑炒，肉质肥嫩，味鲜爽口，芳香浓郁。腊肉带着浓郁的乡土气息，口感温厚。腊肉与草菇搭配，草菇更加鲜香，腊肉的烟熏味得到中和，不同味道的融合，使这道菜变成了新的美味。

材料		调料	
草菇	100克	料酒	5毫升
腊肉	120克	盐	3克
青椒片	20克	味精	1克
红椒片	20克	生抽	3毫升
葱段	5克	鸡精	1克
姜片	5克	水淀粉	适量
蒜末	5克	食用油	适量

食材处理

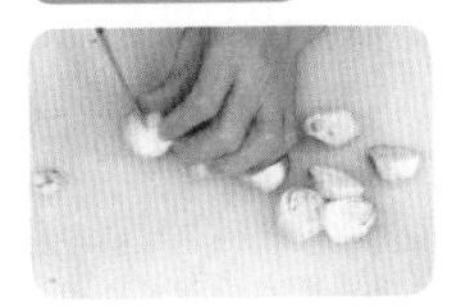
1 将洗净的草菇切成小块。

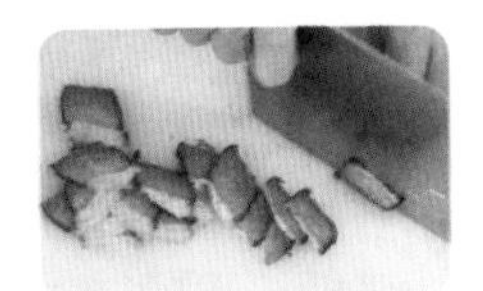
2 将腊肉洗净，切薄片。

做法演示

1 起油锅，倒入少许姜片、葱段爆香。

2 注入少许清水，加生抽、鸡精、盐调味。

3 煮沸后倒入草菇。

4 煮至入味后，盛出备用。

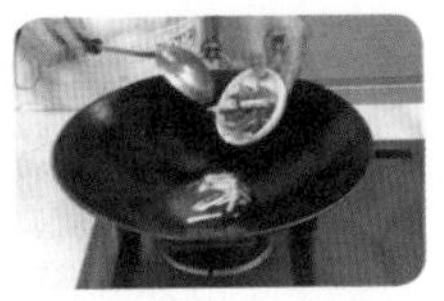
5 油锅烧热，加入青椒、红椒、蒜及余下葱段、姜炒匀。

6 倒入腊肉炒匀，再淋入料酒炒匀。

7 倒入草菇，翻炒均匀。

8 加料酒、盐、味精调味。

9 翻炒至入味。

10 用水淀粉勾芡。

11 翻炒至熟。

12 出锅装盘即成。

养生常识

★ 草菇含有一种特殊蛋白质，有增强人体免疫力的作用。

★ 草菇所含粗蛋白超过香菇，其他营养成分与木质类食用菌也大体相当，具有抑制癌细胞生长的作用，特别是对消化道肿瘤有辅助治疗作用，能加强肝肾的活力。

食物相宜

补肾壮阳

草菇

虾仁

降压降脂

草菇

豆腐

增强免疫力

草菇

牛肉

蒜苗炒腊肠

3分钟　开胃消食
鲜　一般人群

蒜苗本身香味浓郁，在烹制时不需加什么特殊调料，香味就出来了。蒜苗炒腊肠中，香气四溢的蒜苗，搭配香辣而有嚼劲的腊肠，让这道菜口感更丰富，夹上一口拌着米饭吃，能让你不知不觉吃下一大碗饭。将这道菜中腊肠换成鸡蛋，也是很好的搭配。

材料

腊肠　100克
蒜苗　50克
姜片　5克
葱白　5克
葱段　5克
红椒　20克
水发香菇　20克

调料

盐　3克
味精　1克
白糖　2克
料酒　5毫升
食用油　适量

食材处理

❶ 将腊肠洗净切片。

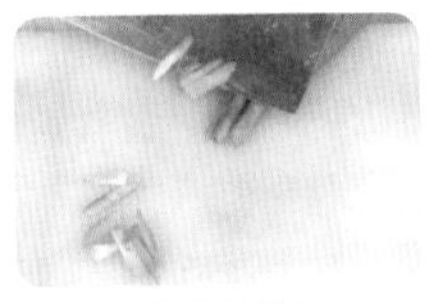

❷ 将蒜苗洗净切段，蒜叶、蒜梗分开；红椒洗净切片。

❸ 香菇洗净切片。

做法演示

❶ 锅置旺火上，注入少许食用油。

❷ 油热后倒入腊肠，炒至出油。

❸ 加入姜片、香菇、葱白翻炒约 1 分钟至熟。

❹ 倒入蒜梗、红椒片炒匀。

❺ 加盐、味精、白糖、料酒炒匀调味。

❻ 倒入蒜叶。

❼ 拌炒均匀。

❽ 盛入盘内即成。

制作指导

- 炒蒜苗时应该用大火，煸炒熟透后再放盐，以保证菜嫩而不老，营养损失较少。

养生常识

★蒜苗含有丰富的维生素 C 以及蛋白质、胡萝卜素、硫胺素、核黄素等营养成分。蒜苗的辣味主要来自于其含有的辣素，这种辣素具有消积食的作用。

★吃蒜苗能有效预防流感、肠炎等因环境污染引起的疾病。

★蒜苗对于心脑血管有一定的保护作用，可预防血栓的形成。

食物相宜

消炎杀菌

蒜苗

洋葱

清热利尿

蒜苗

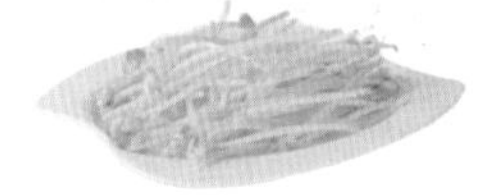

黄豆芽

降低血糖

蒜苗

莴笋

双椒炒腊肠

2分钟 | 开胃消食
辣 | 一般人群

做菜是一门艺术，食材的选择是很重要的。双椒炒腊肠，两个甜椒、一段腊肠，随手取材的一道小炒菜。不管是颜色还是味道，试过就绝对忘不了。这道荤素搭配的小菜不用放过多调料，所有食材的味道融合在一起就相得益彰。

材料		调料	
青椒	120克	盐	3克
红椒	40克	白糖	2克
腊肠	100克	料酒	5毫升
姜片	5克	味精	1克
葱白	5克	水淀粉	适量
蒜末	5克	食用油	适量

食材处理

❶ 将洗净的腊肠放入热水锅中。

❷ 加盖，煮约 2 分钟至熟。

❸ 捞出煮好的腊肠。

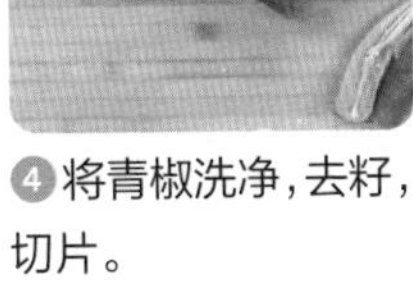

❹ 将青椒洗净，去籽，切片。

❺ 将红椒洗净，去籽，切片。

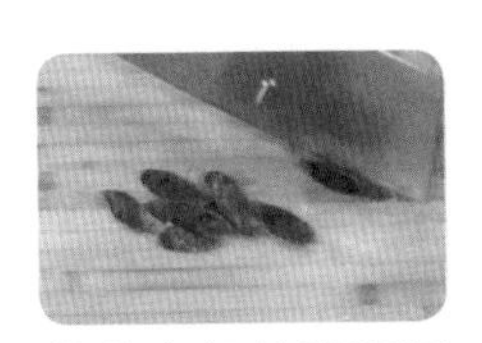

❻ 将煮好的腊肠切成片。

❼ 热锅注油，放入盛有腊肠的漏勺，用锅勺浇油约 1 分钟。

❽ 捞出腊肠沥干备用。

做法演示

❶ 锅留底油，倒入姜片、葱白和蒜末爆香。

❷ 倒入青椒、红椒炒匀，淋入少许清水再炒片刻。

❸ 倒入腊肠。

❹ 加入料酒、盐、味精和白糖，拌炒 1 分钟入味。

❺ 淋入少许水淀粉。

❻ 拌炒均匀，关火，盛入盘中即成。

养生常识

★ 青椒强烈的香辣味能刺激唾液和胃液的分泌，增加食欲，促进肠道蠕动，帮助消化。

食物相宜

营养均衡

腊肠

大米

开胃消食

腊肠

西红柿

健脾养胃

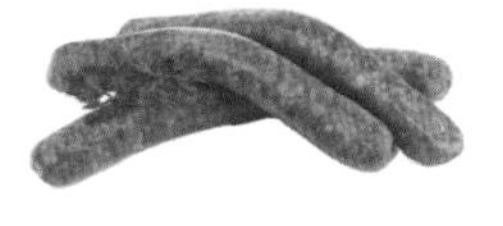

腊肠

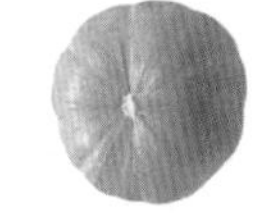

南瓜

腊味合蒸

1小时　开胃消食
咸　一般人群

湖南人善制腊味，吃法很多。腊味合蒸就是当地很有特色的一道菜，取腊肉、腊鸡肉、腊鱼肉于一钵，加入鸡汤和调料，下锅清蒸而成。蒸的时候将腊肉放在最上面，腊肉的油脂浸润下面的腊鸡肉和腊鱼肉，可以使腊鸡肉和腊鱼肉的口感更加香嫩。在冬季，这道菜几乎是餐桌必备，醇厚的滋味能轻易勾起了人们对家的思念。

材料

腊鸡肉	300克
腊肉	250克
腊鱼肉	250克
生姜片	10克
葱白	3克

调料

鸡汤	适量
味精	1克
白糖	2克
料酒	5毫升

食材处理

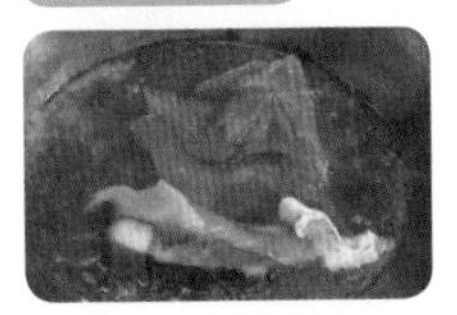

❶ 锅中加适量清水烧开，放入腊肉、腊鱼、腊鸡。

❷ 加盖焖煮 15 分钟，取出腊味，待冷却。

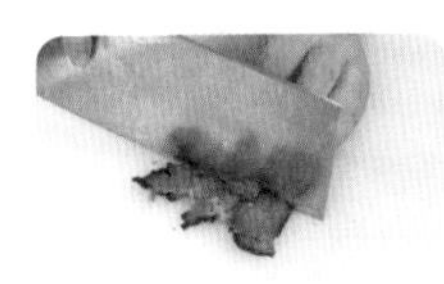

❸ 将腊肉切片。

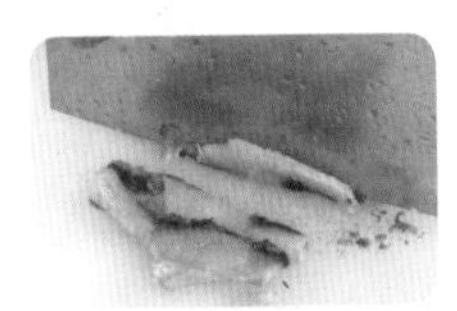

❹ 把腊鱼切片。

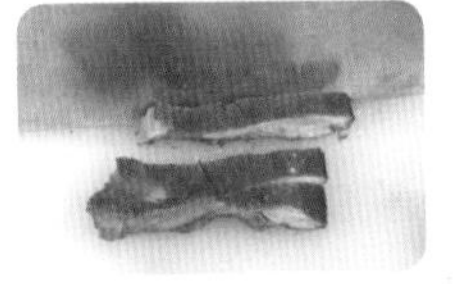

❺ 把腊鸡切块，装入碗内。

❻ 腊味中加入味精、白糖、料酒、鸡汤、姜、葱白。

做法演示

❶ 将腊味转到蒸锅。

❷ 加盖以中火蒸 1 小时至熟软，取出腊味。

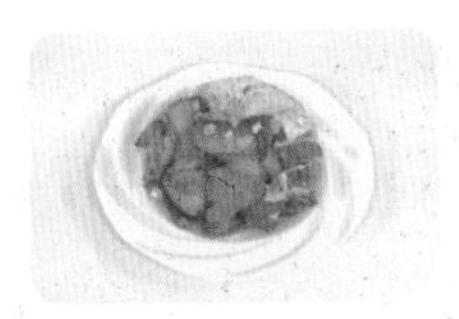

❸ 倒扣入盘内，撒上葱花即成。

制作指导

- 腊鱼味道偏咸，因此做腊味合蒸时，不宜再放盐调味，以免成菜过咸发苦。
- 应选较瘦的腊五花肉，可避免成菜过于油腻，而难入口。
- 腊味合蒸上桌后，要趁热吃完，不然猪油变冷凝固，吃起来会很肥腻。

食物相宜

促进食欲

腊肉

蒜苗

补脾益气

腊肉

山药

健脾和胃

腊肉

+

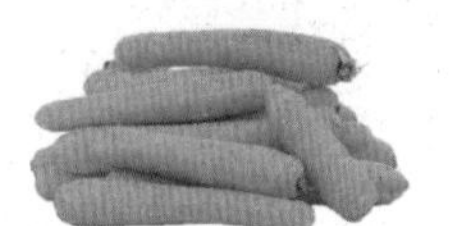

胡萝卜

小炒猪心

4分钟　益气补血

辣　女性

家常小炒最大的优点就是做起来简单便捷，而且非常下饭，对于刚学厨艺的新手或者忙碌的上班族来说都是很好的选择。小炒猪心就是一道不错的下酒送饭小炒菜。猪心具有养血安神、补血及增强心肌营养的作用。

材料

蒜苗	40克
青椒	30克
红椒	30克
猪心	150克
干辣椒	3克
蒜末	5克
姜片	5克
葱段	5克

调料

盐	3克
料酒	5毫升
淀粉	适量
味精	1克
辣椒酱	适量
水淀粉	适量
食用油	适量

食材处理

❶ 将洗净的蒜苗切段，蒜叶、蒜梗分开。

❷ 将洗净的青椒、红椒切段。

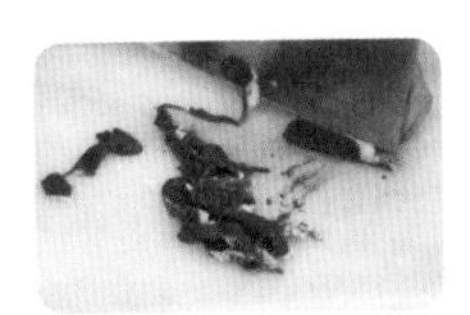

❸ 将洗净的猪心切片。

❹ 猪心加盐、料酒、淀粉拌匀，腌渍 10 分钟入味。

❺ 锅中注入清水烧开。

❻ 倒入猪心，煮沸后捞出。

做法演示

❶ 热锅注油，下入蒜末、姜片、葱段、干辣椒爆香。

❷ 倒入猪心炒匀，加少许料酒炒约 1 分钟。

❸ 倒入青椒、红椒、蒜梗炒匀。

❹ 加盐、味精、辣椒酱调味。

❺ 倒入蒜叶炒匀，加水淀粉勾芡，淋入熟油。

❻ 盛入盘内即可。

制作指导

✪ 猪心切开后用清水浸泡半个小时，水中滴入些许高度白酒，出血水后倒掉，重新换水再浸泡一次即可切片。

食物相宜

缓解神经衰弱

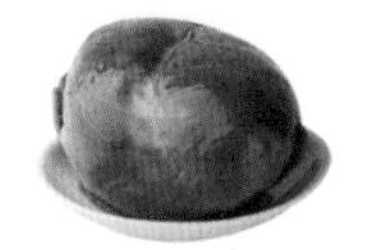

猪心

胡萝卜

补血养心

猪心

黑木耳

养生常识

★ 猪心味甘、咸，性平，有镇静、补心作用，适用于健忘、失眠、病体虚弱、心血不足、心烦不眠、惊悸、冠心病等症，也可用于精神分裂症（久病体质虚弱者）的辅助治疗。

酸豆角炒猪心

5分钟　养心润肺
酸　一般人群

酸在湘菜中有着无可比拟的重要地位，剁椒、酸豆角等腌渍食材是天然的酸味来源。这些天然酸味食材是肉类食物的好搭档，酸豆角炒猪心就以独特的湘味征服了食客的味蕾。酸豆角、猪心都嚼劲十足，酸酸咸咸，非常下饭。

材料

猪心	300克
酸豆角	100克
青椒片	5克
红椒片	5克
洋葱片	5克
蒜末	5克
姜片	5克
葱段	5克

调料

盐	3克
味精	1克
生抽	3毫升
水淀粉	适量
料酒	5毫升
淀粉	适量
食用油	适量

食材处理

❶ 将洗净的猪心切成片。

❷ 猪心加料酒、盐、味精拌匀。

❸ 撒上少许淀粉，拌至入味。

做法演示

❶ 锅中倒入清水烧热，下入酸豆角。

❷ 焯烫片刻，去除咸酸味后捞出，沥干备用。

❸ 热锅注油，倒入姜片、蒜末、葱段爆香。

❹ 倒入猪心、青椒片、红椒片、洋葱片，淋入料酒炒匀。

❺ 加入酸豆角炒至熟透。

❻ 加盐、味精、生抽调味。

❼ 加水淀粉勾芡。

❽ 淋入少许熟油拌匀。

❾ 出锅盛入盘中即可。

制作指导

✪ 从菜市场买回的酸豆角应该要事先清洗干净，以免影响到菜肴的最终口味。

食物相宜

促进食欲

酸豆角

茄子

促进食欲

酸豆角

+

猪肉

养生常识

★ 猪心性平，味甘、咸，能养血安神，对心虚多汗、惊悸恍惚有一定的疗效。猪心主治心虚失眠、惊悸、自汗、精神恍惚等，适宜失眠多梦、精神分裂症、癫痫、癔病患者食用。高胆固醇者忌食。

芹菜炒猪心

3分钟　养心润肺
咸香　一般人群

芹菜和猪心这两种食材，虽然较为常见，却有着十分丰富的营养，对于高血压、动脉硬化、糖尿病、缺铁性贫血等多种疾病都有着较好的疗效，健康人适当食用也可以获得很好的滋补作用。这道芹菜炒猪心荤素搭配，香味浓厚且绝不腻口。

材料

猪心	200克
芹菜	100克
彩椒片	20克
姜片	5克
蒜末	5克
葱白	5克

调料

盐	4克
白糖	2克
味精	1克
水淀粉	10毫升
料酒	5毫升
蚝油	5毫升
生抽	3毫升
食用油	适量

食材处理

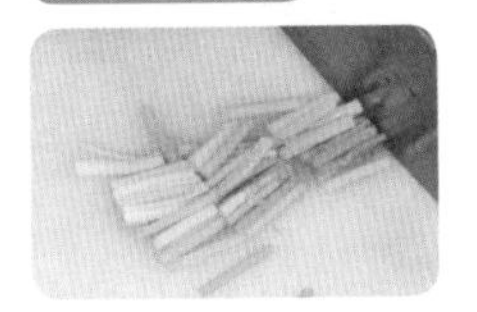

❶ 把芹菜洗净切段。

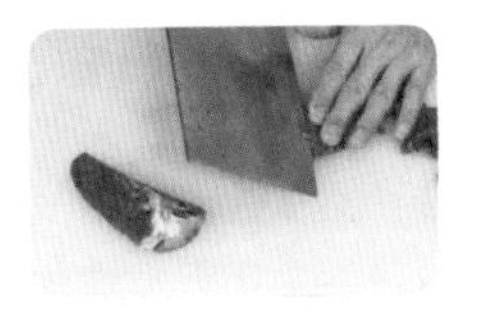

❷ 把猪心洗净切片。

❸ 将猪心加水淀粉拌匀。

做法演示

❶ 热锅注油，倒入彩椒片、葱白、姜片、蒜末爆香。

❷ 倒入猪心炒匀，加料酒炒匀。

❸ 倒入芹菜翻炒至熟。

❹ 加盐、白糖、蚝油、味精、生抽，炒匀调味。

❺ 加少许熟油炒匀。

❻ 盛出装盘即可。

制作指导

- 清洗猪心的时候，要注意将残留在血管中的血块挤出来。
- 猪心不能炒得太久，太久就不鲜嫩了。
- 芹菜叶中所含的胡萝卜素和维生素 C 比茎中的含量多，因此吃时不必把能吃的嫩叶扔掉。
- 选购芹菜时，以刚上市、茎杆粗壮、色亮、无黄萎叶片者为佳。
- 芹菜不宜保存，将其用保鲜膜包紧，放入冰箱中可储存 2 ~ 3 天。

养生常识

★ 猪心尤其适宜心虚多汗、自汗、惊悸恍惚、怔忡、失眠多梦之人以及精神分裂症、癫痫、癔症患者食用。

★ 猪心胆固醇含量偏高，高胆固醇血症者应忌食。

★ 猪心可养血安神、补血，常用于惊悸、怔忡、自汗、不眠等症。

食物相宜

补心养血

猪心

红枣

滋阴养血

猪心

枸杞子

安心养神

猪心

桂圆

土匪猪肝

4分钟　益气补血
辣　一般人群

土匪猪肝，听这个菜名感觉有些“霸气”，你可千万不要被吓到，其实这是一道非常美味和地道的好菜。这道菜在做法和风味上保留了湘西美食的特色，切成大块的猪肝，配上本地的红椒、泡椒，加入五花肉，入油锅于大火上爆炒几分钟即可。菜还没出锅，猪肝的香气就已经扑鼻而来，馋得你口水直往外冒。这道菜外焦内嫩、香辣霸气、口感鲜嫩、野性十足，完全可以让你领略湘式风味菜的精髓。

材料

材料	用量
猪肝	300克
五花肉	120克
蒜苗	40克
红椒	25克
泡椒	20克
生姜	20克

调料

调料	用量
盐	3克
味精	1克
蚝油	5毫升
辣椒油	适量
水淀粉	适量
淀粉	适量
葱姜酒汁	适量
食用油	适量

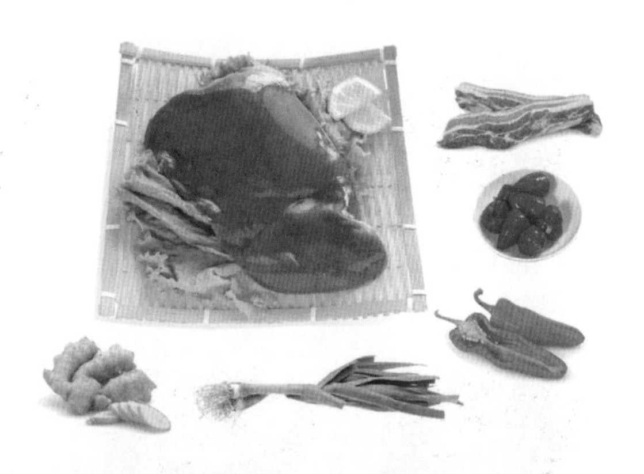

食材处理

❶把猪肝洗净，切片。

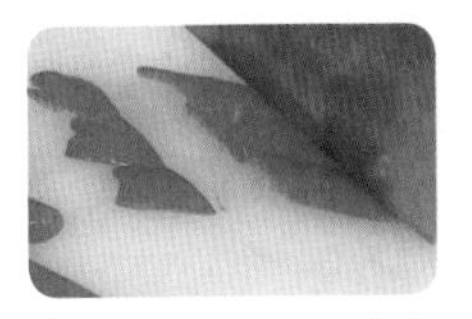

❷ 把生姜去皮，洗净切片；红椒洗净切片。

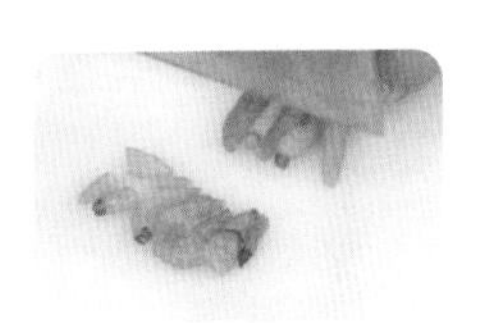

❸ 把泡椒切段；蒜苗洗净切段，蒜叶、蒜梗分开。

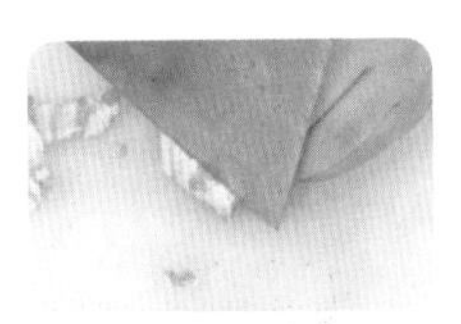

❹把五花肉洗净切片。

❺ 取葱姜酒汁，倒入猪肝片中。

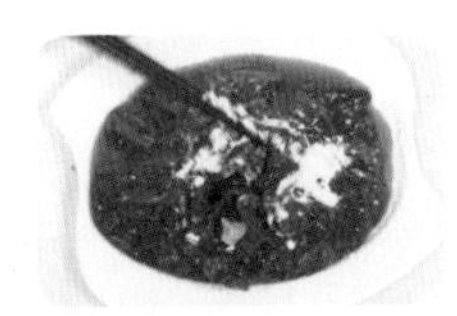

❻ 加淀粉拌匀，再放入盐、味精拌匀腌渍片刻。

做法演示

❶ 热锅注油，倒入猪肝片。

❷ 炒至断生，盛出备用。

❸ 倒入五花肉，炒约1分钟至出油。

❹ 放入姜片炒香，加泡椒、红椒片炒匀。

❺ 倒入猪肝片翻炒至熟。

❻ 加盐、味精调味，加少许蚝油炒匀。

❼ 倒入蒜梗炒匀，加水淀粉、辣椒油拌匀。

❽ 倒入蒜叶炒匀。

❾出锅盛入盘中即成。

食物相宜

防癌抗癌

猪肝

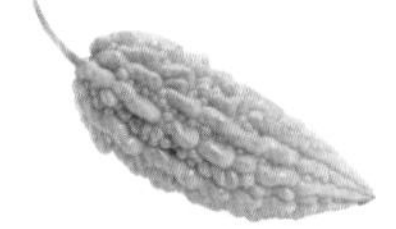

苦瓜

改善贫血

猪肝

菠菜

铁板猪腰

5 分钟　保肝护肾
咸　男性

在常见烹饪方法中，铁板是很有特色的一种，当吱吱冒着热气的铁板端上锅，不管里面是什么食材，都会第一时间抓住你的胃。鱿鱼、牛肉、羊肉、大虾，这些带着香气的食材在铁板上都尽情挥洒着自己的热情。猪腰在铁板上也能大放异彩，配上辣椒、洋葱、蒜苗的鲜香，一道完美的铁板猪腰就这样出现了。

材料

猪腰	200 克
蒜苗段	40 克
洋葱丝	35 克
洋葱片	20 克
青椒片	20 克
红椒片	20 克
干辣椒	3 克
姜片	3 克
蒜末	5 克

调料

盐	3 克
味精	2 克
料酒	5 毫升
蚝油	5 毫升
生抽	3 毫升
淀粉	适量
水淀粉	适量
食用油	适量

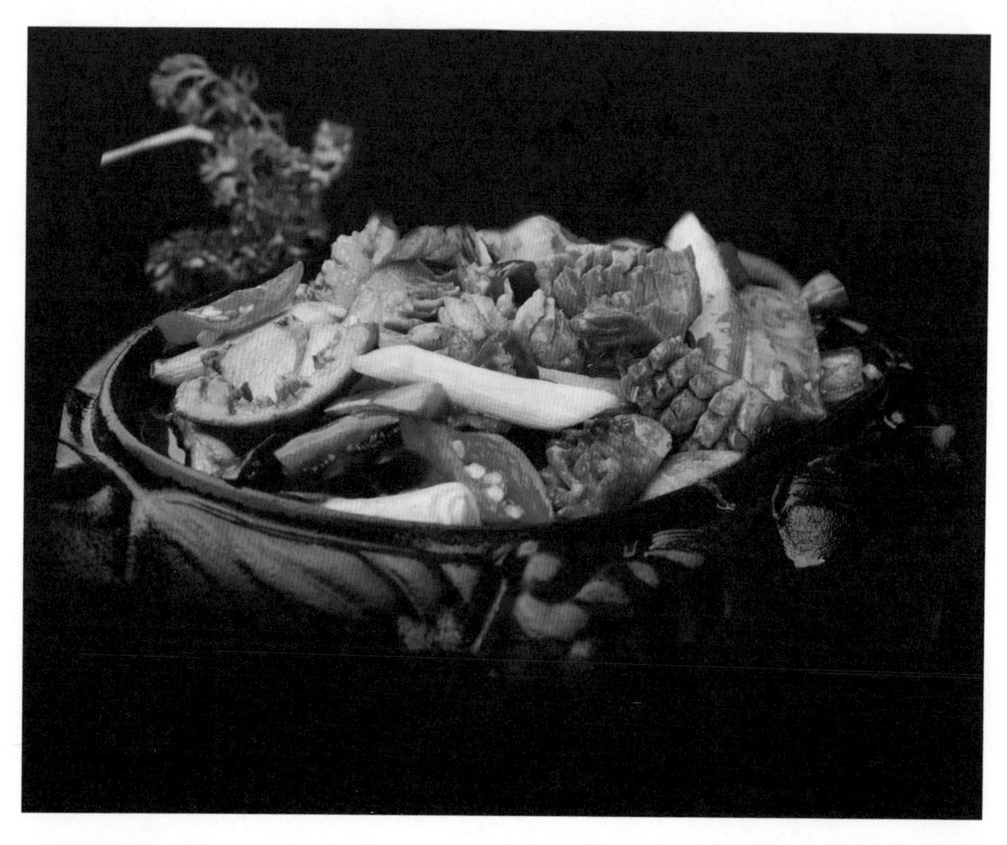

食材处理

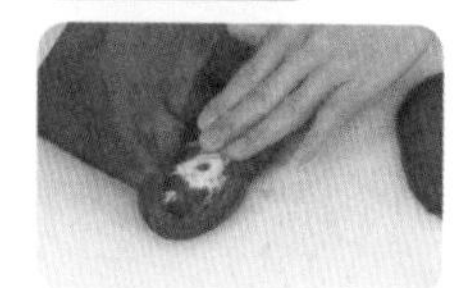

❶ 将处理干净的猪腰对半切开，切去筋膜。

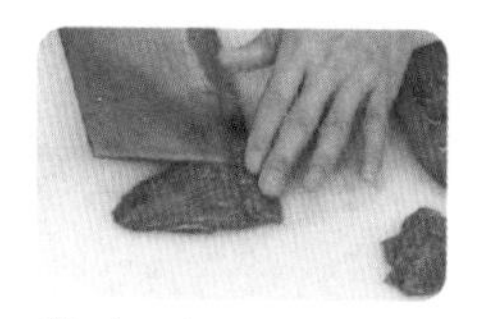

❷ 猪腰切麦穗花刀，再切片。

❸ 腰花加料酒、味精、盐拌匀。

❹ 加淀粉拌匀，腌渍10分钟。

❺ 锅中加入清水烧开，倒入腰花。

❻ 煮沸后捞出。

❼ 热锅注油，大火烧至四成热，倒入猪腰。

❽ 滑油片刻后捞出。

做法演示

❶ 锅留底油，倒入姜片、蒜末、干辣椒爆香。

❷ 再放入青椒片、红椒片、洋葱片炒约1分钟。

❸ 倒入猪腰，淋入料酒。

❹ 加入蚝油、生抽、味精、盐炒2分钟至入味。

❺ 加少许清水，撒入蒜苗段。

❻ 加入水淀粉勾芡。

❼ 淋入熟油拌炒匀。

❽ 将洋葱丝放入热铁板中。

❾ 盛入炒好的腰花即可。

食物相宜

滋肾壮阳

猪腰

+

豆芽

补肾利尿

猪腰

竹笋

蒜苗炒猪油渣

10分钟　保肝护肾
咸　男性

这是一道颇具湖南特色的家常小炒，也是属于儿时记忆中的特殊美味。蒜苗的清香与猪油渣的脆爽鲜香，两相融合，就成了白米饭的好搭档，也是那抹菜美饭香的童年回忆。想必很多人的童年，都吃过熬猪油后剩余的猪油渣，妈妈炼完猪油后，在油渣里撒点盐直接吃，或者炒个小青菜，让人回味无穷。

材料		调料	
青椒	250克	料酒	5毫升
红椒	25克	盐	3克
猪肥肉	500克	味精	1克
蒜苗	35克	水淀粉	适量
豆豉	20克	老抽	3毫升
姜片	5克	食用油	适量

食材处理

❶ 将已去好皮的、清洗干净的猪肥肉切片。

❷ 将洗净的青椒去蒂，剖开，切斜片。

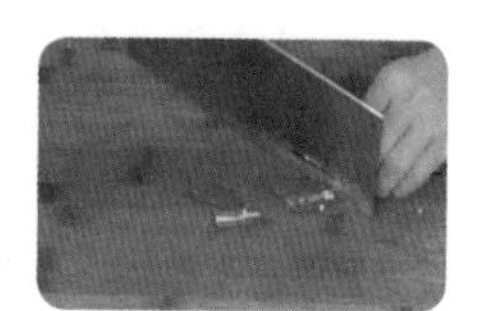

❸ 将洗净的红椒去蒂，剖开，切斜片。洗净的蒜苗切段，蒜叶、蒜梗分开。

做法演示

❶ 锅注油烧热，放入切好的猪肥肉。

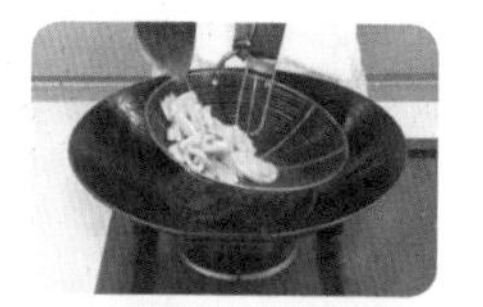

❷ 将猪肉炸成金黄色的油渣，捞出。

❸ 锅留底油，放入姜片、豆豉和蒜梗爆香。

❹ 倒入炸好的猪油渣，炒匀。

❺ 加少许老抽炒匀。

❻ 倒入青椒、红椒炒熟。

❼ 加料酒、盐、味精炒匀。

❽ 用水淀粉勾芡。

❾ 放入蒜叶。

❿ 拌炒至熟。

⓫ 出锅装盘即成。

食物相宜

通便减肥

蒜苗

蒜薹

养生常识

★ 猪肥肉中脂肪含量高达90%，能为人类提供优质的蛋白质和必需的脂肪酸。

★ 猪肥肉还能提供血红蛋白（有机铁）和促进铁吸收的半胱氨酸，能有效改善缺铁性贫血。

★ 身体消耗大的人群应多吃肥肉，肥肉更能满足他们的身体需要。但是，由于肥肉中含有较多的饱和脂肪酸和胆固醇，患有高血压、冠心病等疾病的患者，应少吃或不吃肥肉。

紫苏辣椒焖猪肘

7 分钟　增强免疫
辣　孕产妇

猪肘，是中国传统佳肴的重要食材之一，它具有丰富的胶原蛋白，可以延缓衰老，增加皮肤弹性，是众多想要美容养颜女性的不二选择。经过焖煮后的猪肘，肉质鲜嫩，味道醇厚，肥而不腻。这道菜虽然简单质朴，但远远就能闻到紫苏特有的香气，入口后在舌尖留下丝丝香辣的余味，煞是诱人。

材料

材料	用量
熟猪肘	600 克
青椒	30 克
紫苏叶	10 克
干辣椒	3 克
姜片	5 克
蒜末	5 克
葱段	5 克

调料

调料	用量
盐	3 克
味精	1 克
白糖	2 克
老抽	3 毫升
蚝油	5 毫升
水淀粉	适量
食用油	适量

食材处理

❶将洗好的青椒切片。

❷将熟猪肘去骨，取肉，切块。

做法演示

❶起油锅，加入姜片、蒜末、葱段和干辣椒爆香。

❷倒入猪肘，加老抽、蚝油、盐、味精、白糖炒匀。

❸倒入青椒片炒匀。

❹加少许清水焖煮约2分钟至入味。

❺倒入洗好的紫苏叶炒匀，焖煮片刻。

❻加入少许水淀粉勾芡。

❼淋入少许熟油炒匀。

❽盛入盘内即可。

制作指导

✪ 修割生猪肘时皮面要留长一点，这样当猪肘加热后，皮面收缩，可恰好包裹住肌肉又不至于脱落，使菜肴保持美观。

食物相宜

健脾养胃

猪肉

山药

补中益气

猪肉

南瓜

滋阴除烦

猪肉

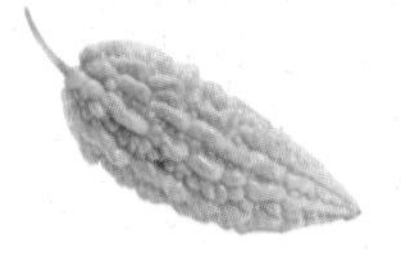

苦瓜

烟笋烧牛肉

4分钟　益气补血

辣　一般人群

品尝美食就如同旅行，每个细节都充满未知和惊喜。这道菜中烟笋与牛肉的搭配格外出彩，一荤一素，一脆一嫩，口感非常平衡。吃在嘴里，先是笋子“咯吱咯吱”的脆响，随即便是香浓的牛肉味道，两者交相呼应，再配上一点淡淡的烟熏味道，一嘴下去满口香味。

材料

烟笋	70 克
牛肉	150 克
青椒片	15 克
红椒片	15 克
姜片	5 克
蒜末	5 克
葱白	5 克

调料

盐	3 克
鸡精	1 克
淀粉	适量
生抽	3 毫升
味精	1 克
料酒	5 毫升
豆瓣酱	适量
水淀粉	适量
食用油	30 毫升

食材处理

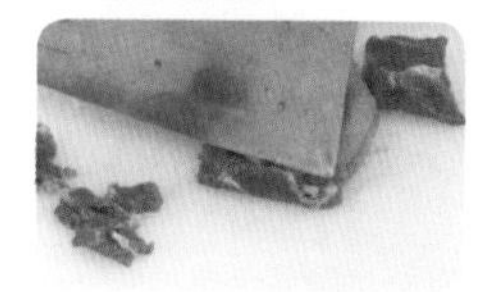

❶将洗净的牛肉切片。

❷在牛肉中加入少许盐、淀粉、生抽、味精，拌匀。

❸加入材料中的少许水淀粉拌匀。

❹加入少许食用油，腌渍 10 分钟。

❺锅中注入 1000 毫升清水烧开，加入少许食用油拌匀，倒入烟笋拌匀。

❻煮沸后捞出。

❼倒入牛肉，拌匀。

❽汆至牛肉转色即可捞出。

做法演示

❶热锅注油，烧至五成热，放入牛肉。

❷滑油片刻捞出牛肉。

❸锅留底油，倒入姜片、蒜末、葱白、青椒、红椒，炒香。

❹倒入烟笋炒匀。

❺倒入牛肉。

❻加入盐、鸡精、料酒、豆瓣酱，翻炒至熟。

❼加入水淀粉勾芡。

❽淋入少许熟油，炒匀。

❾将做好的菜盛入盘内即可。

豌豆焖牛腩

6 分钟　益气补虚
辣　一般人群

很多时候，烹饪就像一门艺术，改变的不仅是食物的味道，更是食物的模样。原本生牛腩不论是外形还是气味，一点也不讨喜，但焖熟后却脱胎换骨，变得色泽诱人、香气扑鼻。再加上青绿色的豌豆，真有锦上添花之感，豌豆焖得软糯鲜甜，既增味又添色，让你不知不觉吃下一大碗饭。

材料

青豆	120 克
熟牛腩	180 克
姜片	20 克
朝天椒圈	20 克
葱白	5 克

调料

盐	3 克
味精	2 克
柱侯酱	适量
水淀粉	适量
芝麻油	适量
白糖	2 克
蚝油	5 毫升
高汤	适量
食用油	适量

做法演示

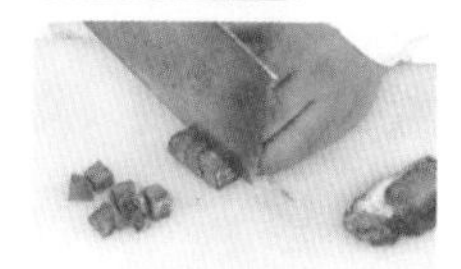

❶ 将熟牛腩切丁。

❷ 热锅注油烧热，倒入姜片、朝天椒爆香。

❸ 倒入洗好的青豆和葱白拌炒均匀。

❹ 加入柱侯酱，拌匀。

❺ 倒入牛腩炒匀。

❻ 加入高汤煮开。

❼ 加入盐、白糖、蚝油炒匀。

❽ 加盖焖 2 ~ 3 分钟至熟。

❾ 揭盖，加入味精炒匀。

❿ 加入水淀粉炒匀，再淋入少许芝麻油。

⓫ 拌炒均匀。

⓬ 将炒好的青豆牛腩盛入砂锅。

⓭ 用小火再煨煮片刻。

⓮ 关火，端下砂锅即成。

养生常识

★ 牛腩的脂肪含量很低，但它却是低脂的亚油酸的来源，还是潜在的抗氧化剂。

★ 牛腩适宜于生长发育期青少年及术后、病后调养、中气下隐、气短体虚、筋骨酸软、贫血久病及黄目眩的人食用。

★ 高胆固醇、高脂肪、老年人、儿童、消化力弱的人不宜多吃牛腩。

食物相宜

防治口臭、便秘

青豆

+

丝瓜

促进消化
补充钙质

青豆

+

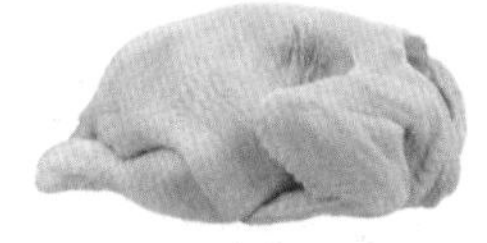

鸡肉

豉椒炒牛肚

3分钟　开胃消食
辣　一般人群

无论什么时候，也不管做什么事，适合的就是最好的。“牛肚”其貌不扬，但如制作得法，吃起来会非常美味。豆豉和辣椒这种重口味配料就是牛肚的好伙伴，用它们来炒制牛肚，成品色泽美观油润、豉香浓郁厚重、牛肚软烂味美，配料多样、营养丰富，最适合配米饭来食用。

材料		调料	
熟牛肚	200克	盐	3克
青椒	150克	味精	1克
红椒	30克	鸡精	1克
豆豉	20克	辣椒酱	适量
蒜苗段	30克	老抽	5毫升
蒜末	5克	水淀粉	适量
姜片	5克	料酒	5毫升
葱白	5克	食用油	适量

食材处理

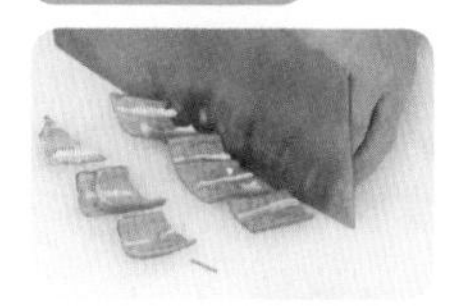

❶ 将已洗净的青椒去蒂和籽，切片。

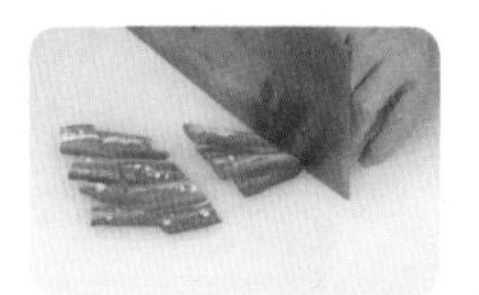

❷ 将洗好的红椒去蒂和籽，切片。

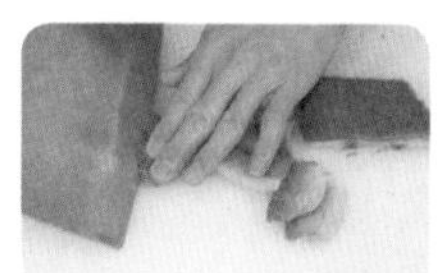

❸ 再把熟牛肚切成片。

做法演示

❶ 热锅注油，倒入蒜末、姜片、葱白爆香。

❷ 倒入豆豉爆香。

❸ 倒入牛肚炒匀。

❹ 加料酒翻炒片刻。

❺ 倒入青椒、红椒片拌炒至熟。

❻ 加盐、味精、鸡精、辣椒酱、老抽，拌匀。

❼ 加入水淀粉勾芡，淋入少许熟油拌匀。

❽ 倒入蒜苗段翻炒片刻。

❾ 出锅装盘即可。

制作指导

✪ 炒这道菜的时候，已经用了豆豉、辣椒酱和老抽，因此盐应少放，否则会因过咸影响成菜口味。

养生常识

★ 豆豉具有和胃、除烦、解腥毒、去寒热的作用，风寒感冒、寒热头痛、心中烦躁者宜食。

食物相宜

促进肠胃蠕动

青椒

西蓝花

补充维生素

青椒

+

黄瓜

降低血压

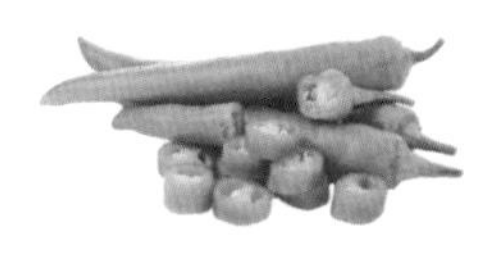

青椒

空心菜

粉蒸羊肉

32 分钟　增强免疫
清淡　一般人群

羊肉固然美味，但如果烹制不当，会让人们减少对它的喜爱，留下油腻的印象。粉蒸羊肉则不然，它给人的是实实在在的感觉，羊肉的味道依然鲜美，米粉也是醇香至极，而且没有丝毫的油腻。这道菜咸鲜微辣、软糯适口、香中带甜，品一口就百味萦绕，让人忍不住再三回味……

材料

羊肉	300 克
蒸肉粉	50 克
蒜末	5 克
姜末	5 克
红椒末	20 克
葱花	5 克

调料

料酒	5 毫升
生抽	3 毫升
盐	3 克
味精	1 克
鸡精	1 克
食用油	适量

食材处理

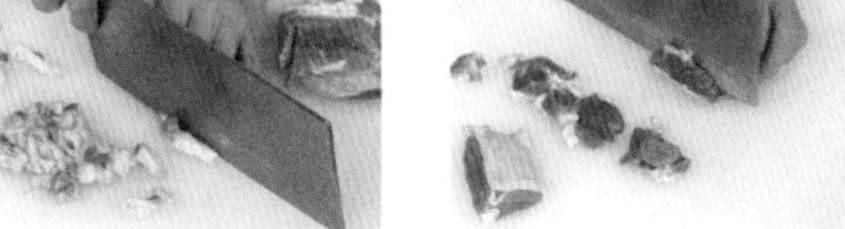

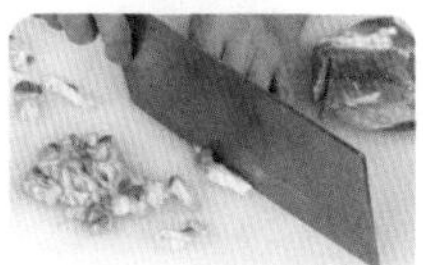

❶ 将洗净的羊肥肉切粗丝。

❷ 将洗净的羊精肉切薄片。

❸ 羊肉放盘中，加料酒、生抽、盐、味精、鸡精拌匀。

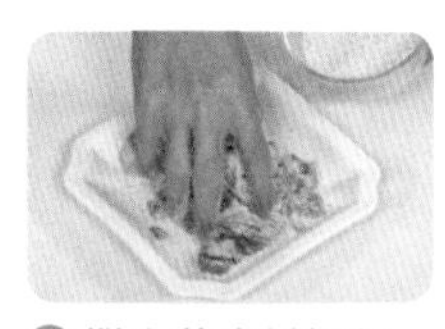

❹ 撒上蒸肉粉抓匀。

❺ 放入红椒末、姜末、蒜末。

❻ 用手拌至入味。

做法演示

❶ 将羊肥肉丝摆入盘中。

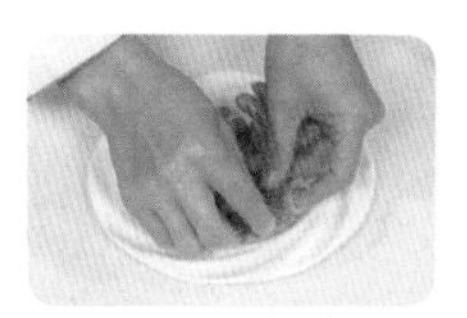

❷ 再在上面摆好羊精肉。

❸ 将盘子转到蒸锅中。

❹ 盖上锅盖，蒸 30 分钟至熟。

❺ 取出羊肉。

❻ 热锅注入少许油烧热。

❼ 将烧热的油浇在羊肉上。

❽ 撒上葱花即可。

食物相宜

促进食欲

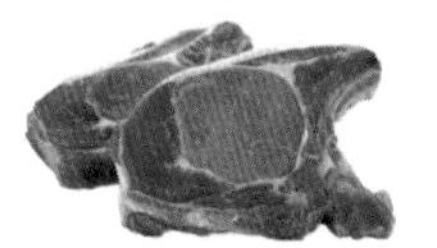

羊肉

香菜

延缓衰老

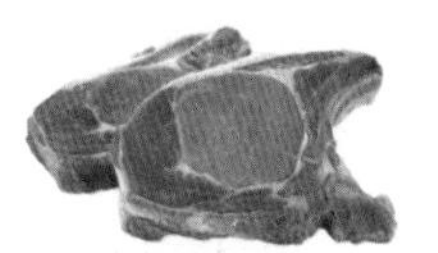

羊肉

鸡蛋

香辣啤酒羊肉

45 分钟 | 保肝护肾
辣 | 男性

啤酒除了直接饮用外，在做菜上也能大显身手。将啤酒加入不同食材中，吃起来有时候比单纯喝起来更有满足感。香辣啤酒羊肉，酒香在慢炖慢煮中融入菜里，每一口都似乎有种独特的酒香味在口中，让你回味无穷。用啤酒代替普通的黄酒烹制羊肉，肉质更鲜嫩、爽滑，颜色更金黄。

材料		调料	
羊肉	500 克	盐	3 克
干辣椒段	25 克	蚝油	5 毫升
啤酒	200 克	辣椒酱	适量
姜片	5 克	辣椒油	适量
蒜苗段	20 克	水淀粉	适量
		食用油	适量

食材处理

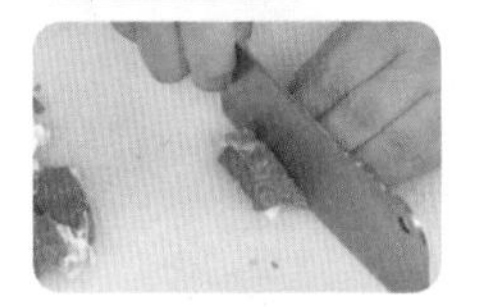

❶ 将洗净的羊肉切块。

❷ 锅中注水烧开，放入羊肉。

❸ 焯煮片刻以去除异味，捞起，装盘备用。

做法演示

❶ 炒锅热油，放入姜片略炒。

❷ 放入羊肉炒匀。

❸ 倒入洗好的干辣椒段炒匀。

❹ 加入啤酒、盐、蚝油、辣椒酱炒匀。

❺ 加盖，小火焖煮40分钟至羊肉软烂。

❻ 揭盖，放入蒜梗略炒。

❼ 放入蒜叶、辣椒油炒匀。

❽ 淋入水淀粉勾芡。

❾ 快速翻炒均匀。

❿ 将锅中的材料移至砂锅内，煨煮片刻。

⓫ 端下砂锅即成。

食物相宜

温中祛寒

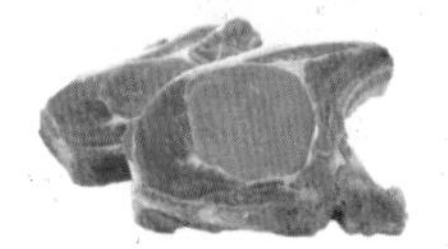

羊肉

生姜

辅助治疗风湿性关节炎

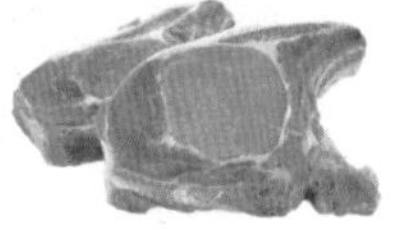

羊肉

香椿

第4章

禽蛋上桌

鸡鸭是湖南人餐桌上常见的食材，肥嫩的鸡鸭，无论炒、烹、汆、炖都香嫩可口，无论焖、烧、煮、煨都风味独特。韭菜花炒鸡胸肉、豉香鸡肉、农家尖椒鸡、酸萝卜炒鸡胗、干锅湘味乳鸽等，光是想想就已经叫人食指动、口水流了。

韭菜花辣炒鸡肉

3 分钟　开胃健脾
清淡　一般人群

韭菜花是一种可以壮阳的营养家常蔬菜，有一种特殊的香味，味道有一点像蒜薹，但是比蒜薹味道清香，而且它的口感非常棒，特别脆爽。它可以直接清炒，也可与很多的食材搭调出美味的下饭菜。韭菜花辣炒鸡肉，鸡肉融合了辣椒和韭菜花的香味，不用放太多调味料就会特别鲜美。

材料

韭菜花　450 克
鸡胸肉　250 克
红椒丝　30 克

调料

盐　3 克
味精　2 克
料酒　适量
水淀粉　适量
食用油　适量

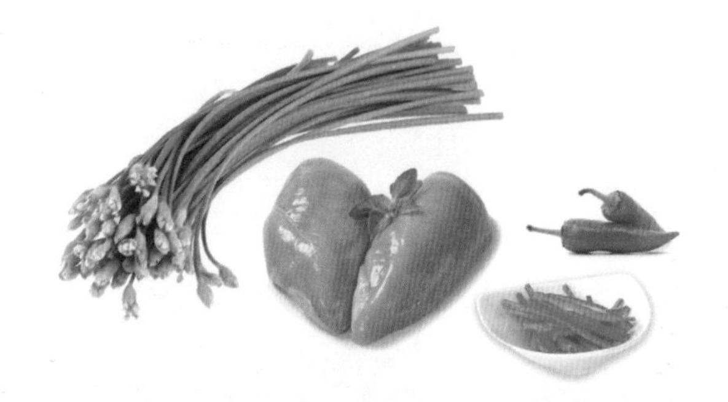

食材处理

❶ 将洗好的鸡胸肉切成丝。

❷ 将洗净的韭菜花切段。

❸ 鸡丝加盐、味精、水淀粉、食用油腌渍片刻。

❹ 锅置旺火上，注油烧热，倒入鸡丝。

❺ 滑油至断生后捞出鸡丝。

做法演示

❶ 锅留底油，倒入红椒丝、韭菜花炒匀。

❷ 倒入鸡丝炒匀。

❸ 锅中加入盐、味精、料酒调味。

❹ 加入少许水淀粉勾芡。

❺ 将勾芡后的菜炒匀。

❻ 盛入盘中即可。

制作指导

✪ 想要保持鸡胸肉的口感鲜嫩，炒的时候火候尤其重要。较好的方法是过油，也可以改成滑炒的方式。

食物相宜

补五脏、益气血

鸡肉

枸杞子

增强食欲

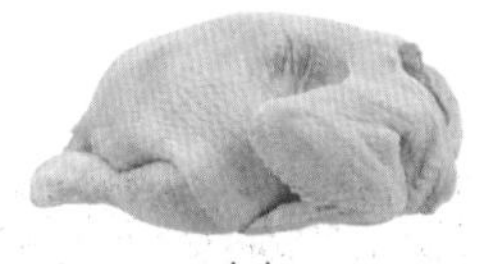

鸡肉

柠檬

老干妈冬笋炒鸡丝

4分钟　防癌抗癌
辣　老年人

冬笋的清鲜本质在任何时候都很特别，不管与什么食材搭配，都能做出一道美味的菜肴。它与鸡丝、老干妈豆豉酱搭配，三者的味道相互交融，别有一番味道。淡中有味、淡中有香是这道菜给人的感觉。这道菜中的香辣虽并不劲爆，却以一种温婉的香辣打动你的胃。

材料

鸡胸肉	120 克
冬笋	20 克
老干妈	20 克
洋葱丝	20 克
蒜末	5 克

调料

盐	3 克
味精	1 克
鸡粉	1 克
白糖	1 克
水淀粉	适量
料酒	5 毫升
食用油	适量

食材处理

❶ 将已洗净的鸡胸肉切片后切丝。

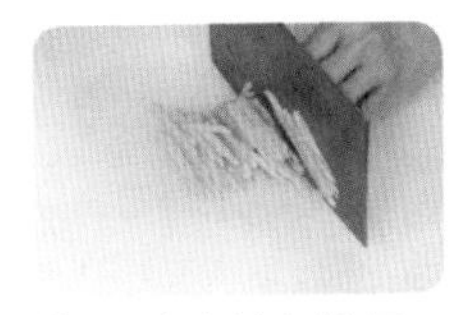

❷ 把洗净的冬笋切片，再切成丝。

❸ 鸡胸肉加盐、味精、少许清水拌匀。

❹ 倒入水淀粉拌匀。

❺ 加适量食用油腌渍10 分钟。

❻ 锅中加清水烧开，加入少许盐。

❼ 倒入冬笋后加鸡粉煮约 1 分钟。

❽ 用漏勺捞出备用。

做法演示

❶ 热锅注油，烧至四成热，放入鸡丝。

❷ 滑油片刻捞出。

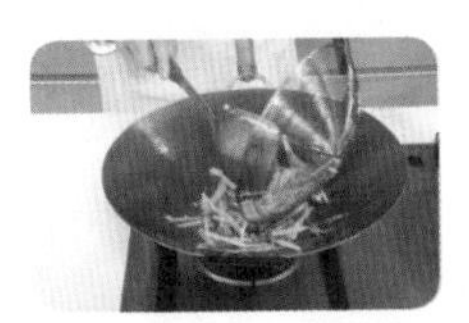

❸ 锅底留油，倒入蒜末、洋葱丝、老干妈、冬笋丝、鸡肉。

❹ 加料酒、盐、味精、白糖炒至入味。

❺ 加水淀粉勾芡。

❻ 盛入盘中即可。

食物相宜

益气生津

鸡肉

+

人参

增强记忆力

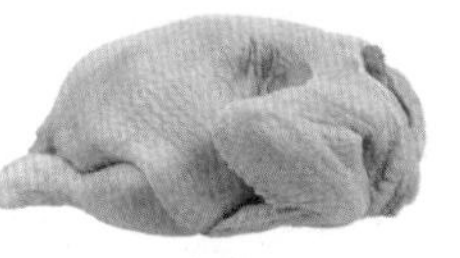

鸡肉

金针菇

健脾益气

鸡肉

+

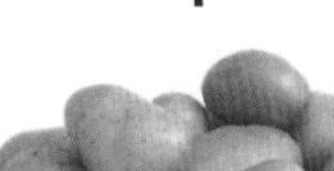

土豆

豉香鸡肉

3分钟　增强免疫
鲜　一般人群

豆豉是家常必备的调味品，适合烹饪时解腥调味。豆豉又是一味中药，怕冷发热、寒热头痛、鼻塞喷嚏、腹痛吐泻、胸膈满闷、心中烦躁者宜食。用豆豉炖鸡肉更是别有一番滋味，香辣开胃，暖身驱寒。

材料

净鸡肉	500克
豆豉	35克
蒜末	35克
青椒末	50克
红椒末	50克

调料

盐	3克
味精	1克
白糖	2克
料酒	15毫升
老抽	10毫升
生抽	10毫升
淀粉	适量
食用油	适量

食材处理

❶ 把鸡肉斩成小件，装入碗中。

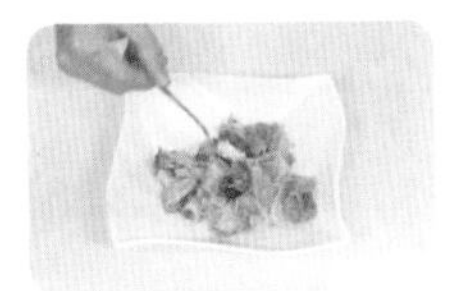

❷ 鸡肉加料酒、盐、味精、生抽抓匀。

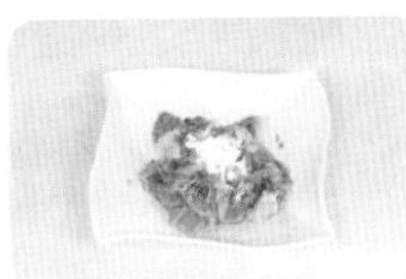

❸ 用少许淀粉抓匀，腌渍10分钟至入味。

❹ 锅中注油烧热，倒入鸡块。

❺ 用锅铲搅散，炸约1分钟至熟透。

❻ 捞起沥油备用。

做法演示

❶ 锅底留少许油，倒入豆豉、蒜末爆香。

❷ 倒入青椒末、红椒末，翻炒均匀。

❸ 倒入鸡块炒匀。

❹ 转小火，淋上料酒、老抽。

❺ 加入盐、味精、白糖炒至入味。

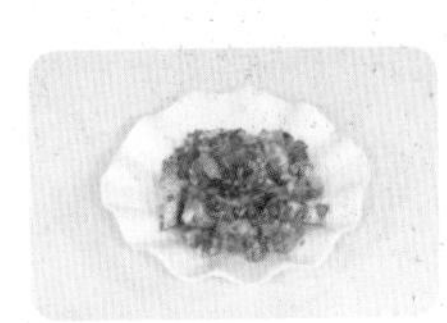

❻ 出锅盛入盘中即成。

制作指导

✪ 挑选鸡肉时，仔细看，如果发现鸡皮上有红色针点，针眼周围呈乌黑色，用手摸能感觉表面高低不平，似乎长有肿块一样，不平滑，那么表明这鸡肉很可能注过水。

食物相宜

排毒养颜

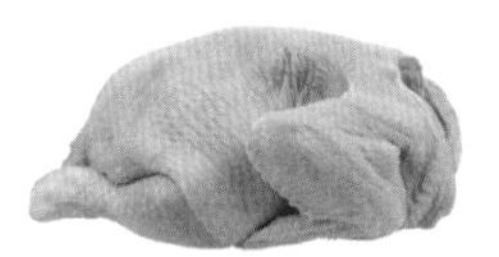

鸡肉

冬瓜

补肾益气

鸡肉

板栗

补血养颜

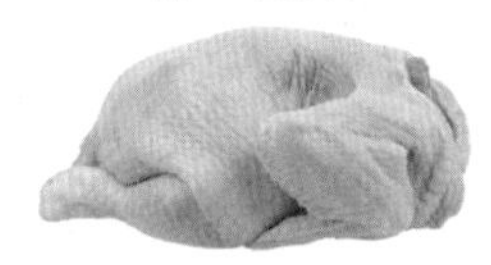

鸡肉

红枣

椒香竹篓鸡

3分钟 | 益气补血
辣 | 女性

与猪肉相比，鸡肉的口感更加鲜嫩细腻。运用多样的方法烹调，鸡肉带给人们的味觉惊喜都让人难以拒绝。椒香竹篓鸡既可以当作主菜，也能当作熬夜时的一道宵夜。经过油炸过的鸡肉外酥里嫩，配上辣椒、蒜末等调味料烹制，就是一道鲜香可口的美味，适合与大家分享。

材料

鸡肉 300克
青椒 15克
红椒 15克
干辣椒 10克
蒜末 5克
白芝麻 5克
辣椒粉 适量

调料

盐 3克
味精 2克
料酒 5毫升
辣椒油 适量
淀粉 适量
食用油 适量

食材处理

❶ 将洗净的青椒、红椒对半切开，去除籽，改切成片。

❷ 将洗好的鸡肉斩块。

❸ 鸡块装入盘中，加料酒、盐、味精抓匀。

❹ 淋入辣椒油，撒入淀粉拌匀，腌渍 10 分钟。

❺ 锅中注油烧至五成热，下入鸡块，中火炸 2 分钟至金黄。

❻ 捞出炸好的鸡块备用。

做法演示

❶ 锅留底油，倒入蒜末、干辣椒煸香。

❷ 放入青椒、红椒片拌炒均匀。

❸ 倒入鸡块，翻炒片刻。

❹ 淋入适量辣椒油，倒入辣椒粉，拌炒约 1 分钟。

❺ 加盐、味精，再淋入少许料酒。

❻ 拌炒均匀。

❼ 撒入白芝麻，拌炒均匀。

❽ 盛入竹篓内即成。

食物相宜

补血养颜

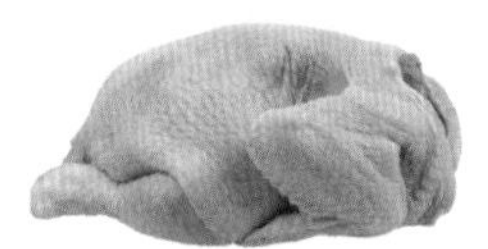

鸡肉

+

桂圆

促进食欲

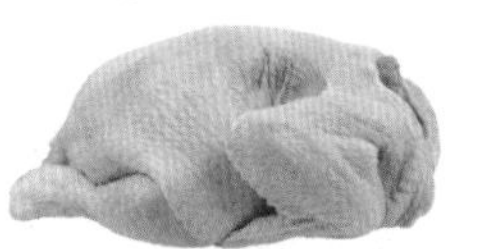

鸡肉

+

香菜

腊鸡炒莴笋

10 分钟　增强免疫
咸　男性

腊鸡是湖南传统的禽肉制品，经过卤制腌晒之后其味浓厚浑然，做菜时，浓浓的烟熏滋味个性十足。腊鸡好吃，却免不了有点烟火气，用辣椒来增其清香，去其异味，正是佳配。夹杂其间的莴笋，既吸其油，又补充膳食纤维，因此这道腊鸡炒莴笋称得上是营养与美味兼得。

材料		调料	
腊鸡	450 克	盐	3 克
莴笋	400 克	味精	1 克
青椒	35 克	鸡粉	1 克
红椒	35 克	料酒	适量
姜片	10 克	水淀粉	适量
蒜末	10 克	食用油	适量

食材处理

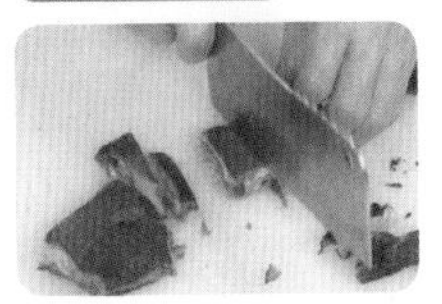

❶ 把洗好的腊鸡斩成小件。

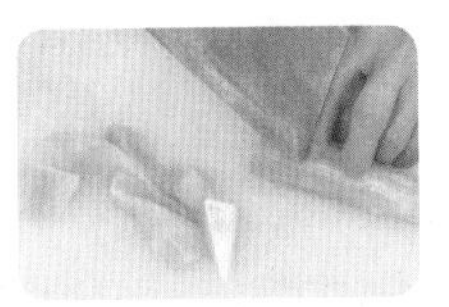

❷ 将去皮洗净的莴笋切滚刀块。

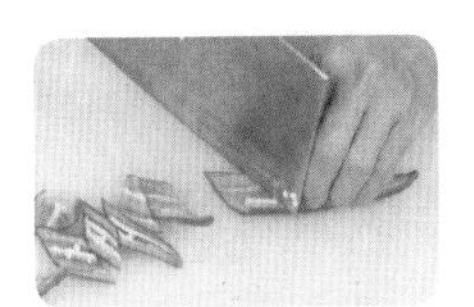

❸ 将洗净的青椒、红椒均去除籽，切小段。

做法演示

❶ 炒锅热油，放入姜片、蒜末爆香。

❷ 倒入腊鸡炒匀。

❸ 淋入料酒，注入适量清水，炒匀。

❹ 加上盖子，煮2～3分钟至七成熟。

❺ 揭开盖，放入莴笋，翻炒均匀。

❻ 加鸡粉、盐、味精调味。

❼ 拌煮至莴笋熟透。

❽ 倒入青椒片、红椒片。

❾ 翻炒均匀。

❿ 以水淀粉勾芡。

⓫ 出锅盛入盘中即成。

制作指导

✪ 腊鸡的味道很咸，如果想使其味道淡些，可以在食用前洗净杂物，浸泡 8~12 小时，使之变软，这样腊鸡能脱去部分盐分，降低咸度。然后入蒸锅，加姜、葱、黄酒或啤酒，蒸 2~3 小时，取出后晾凉、切片，即可食用。

食物相宜

利尿通便

莴笋

＋

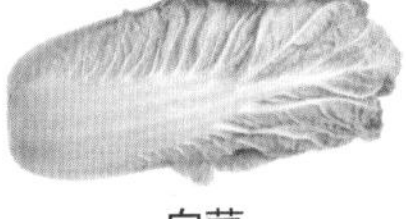

白菜

降脂降压

莴笋

＋

鸡腿菇

健脾益气

莴笋

＋

豆角

酸萝卜炒鸡胗

5分钟　开胃消食
酸　一般人群

对很多人来说，家常菜总是带着特殊的味道和记忆。酸萝卜炒鸡胗是一道经典的湖南家常菜，在川湘菜还未进军全国的时候，湖南菜中的辣味也比较少，偶尔在家做一些带有辣味的菜，就会使人食欲大增，如果再有酸菜做配菜，就会诱发“米饭危机”，米饭的消灭速度更快。这道开胃的酸萝卜炒鸡胗，色香味俱全，当香气扑鼻传来时总能让人格外满足和心安。

材料

鸡胗	250克
酸萝卜	250克
姜片	5克
蒜末	5克
葱白	5克

调料

味精	1克
盐	3克
白糖	2克
料酒	5毫升
淀粉	适量
辣椒酱	适量
水淀粉	适量
食用油	适量

食材处理

❶将处理干净的鸡胗打花刀，再切成片。

❷鸡胗加入料酒、盐、味精拌匀。

❸撒上淀粉拌匀。

❹锅中加清水烧开，倒入鸡胗。

❺焯烫片刻后捞出。

做法演示

❶热锅注油，加入姜片、蒜末、葱白。

❷倒入鸡胗炒香。

❸倒入料酒炒匀，再加淀粉翻炒匀。

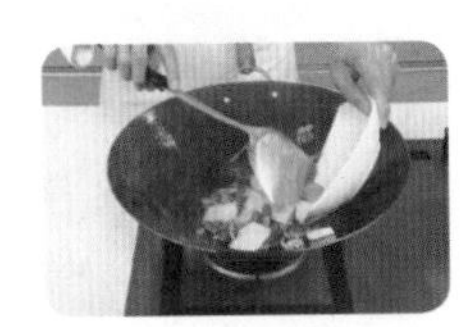

❹加入酸萝卜翻炒至熟。

❺放味精、盐、白糖，再加入少许清水翻炒。

❻加辣椒酱炒匀。

❼加入水淀粉勾芡。

❽淋入熟油拌匀。

❾盛入盘中即可。

食物相宜

清肺热，治咳嗽

白萝卜

+

紫菜

补五脏，益气血

白萝卜

+

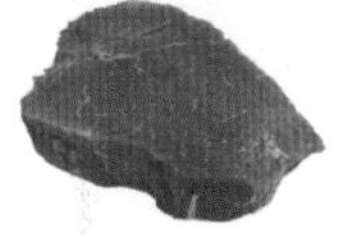

牛肉

尖椒爆鸭

2分钟　降压降糖
清淡　糖尿病患者

做菜，拼的不仅是食材，还有心思。鸭肉不仅富含蛋白质，还具有滋阴养胃、健脾补虚、利湿的作用，是夏季的首选食材。选用微辣、皮薄的那种尖椒，和鸭肉爆炒，就是一道简单美味的下饭菜。尖椒爆鸭这道菜，没有鸭肉的腥味，又嫩又滑，麻辣鲜香，让你轻轻松松就能多吃一碗米饭。

材料

鸭肉	200克
尖椒	100克
豆瓣酱	10克
干辣椒	3克
蒜末	5克
姜片	5克
葱段	5克

调料

盐	3克
味精	1克
白糖	2克
料酒	5毫升
老抽	3毫升
水淀粉	适量
生抽	3毫升
食用油	适量

食材处理

❶ 将鸭肉斩成块，洗净的尖椒去籽，切成片。

❷ 锅中注油，烧至五成热，倒入鸭块。

❸ 小火炸约 2 分钟至表皮呈金黄色，捞出备用。

做法演示

❶ 锅留底油，倒入蒜末、姜片、葱段、干辣椒煸香。

❷ 倒入炸好的鸭块翻炒片刻。

❸ 加豆瓣酱炒匀。

❹ 淋入料酒、老抽、生抽炒匀。

❺ 倒入少许清水，煮沸后加盐、味精、白糖炒匀。

❻ 倒入尖椒片，拌炒至熟。

❼ 加入少许水淀粉，快速炒匀。

❽ 撒入剩余葱段炒匀。

❾ 盛入盘内即成。

制作指导

- 烹制鸭汤时加少量盐，肉汤会更鲜美。
- 公鸭肉性微寒，母鸭肉性微温。

食物相宜

滋阴润肺

鸭肉

山药

滋润肌肤

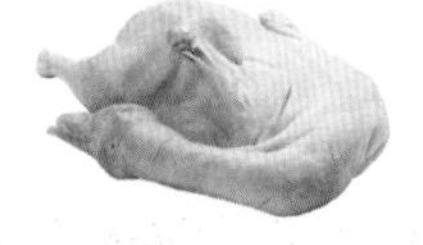

鸭肉

枸杞子

养生常识

★ 鸭肉可滋养肺胃，健脾利水。主治肺胃阴虚、干咳少痰、口干口渴、消瘦乏力等病症。但鸭肉性凉，脾胃阴虚，经常腹泻者忌用。

韭菜花炒鸭肠

5分钟　美容养颜
鲜　女性

夏去秋来，收割了几茬的韭菜地里，满是花骨朵儿，正是吃韭菜花的好时节。韭菜花是大自然赐予的另一种美食，与很多食材都能搭配出美味的下饭菜。将韭菜花带着韭白切成寸段，根根分明，配上鲜鸭肠炒熟，清香异常。鲜韭菜花的食用季节也就一星期左右，时间一过，韭菜花就不能再食用了。所以，品尝美食也讲究时机，不能错过“有花堪折直须折”的良辰。

材料		调料	
韭菜花	200克	盐	3克
鸭肠	180克	鸡粉	1克
姜片	5克	味精	1克
蒜末	5克	料酒	适量
红椒丝	20克	食用油	适量

食材处理

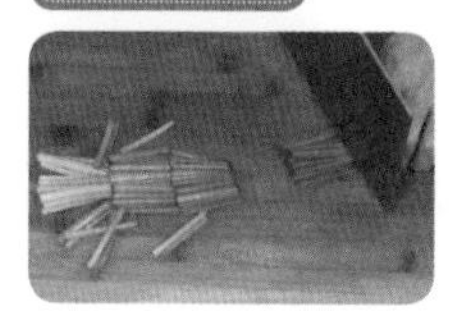

❶ 将洗净的韭菜花切成段。

❷ 将洗净的鸭肠切成段。

做法演示

❶ 锅中注入适量清水，加料酒、盐，烧开。

❷ 倒入鸭肠汆去异味。

❸ 汆至断生后捞出备用。

❹ 热锅注油，放入姜片、蒜末、红椒丝炒香。

❺ 加入鸭肠，淋入料酒略炒。

❻ 放入韭菜花炒约 1 分钟。

❼ 加盐、鸡粉、味精炒匀。

❽ 炒匀至入味。

❾ 将炒好的菜肴盛入盘内即可。

制作指导

✪ 韭菜花在市场上每年常常只能见到一星期，时间一过，韭花结籽，韭白枯老，便不能吃了，所以爱吃韭菜花的人应该把握好时机。

食物相宜

通便减肥

韭菜花

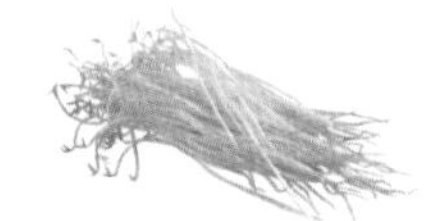

绿豆芽

补充蛋白质

韭菜花

鸡蛋

养生常识

★ 韭菜花富含钙、磷、铁、胡萝卜素、维生素 B_1 等有益健康的成分，具有生津开胃、增强食欲、促消化的功能。适宜夜盲症、干眼病患者以及皮肤粗糙、便秘症者食用。

干锅湘味乳鸽

8分钟　增强免疫
辣　孕产妇

暖暖活活、热热闹闹的干锅，起源于湖南、贵州、江西交接的地区的少数民族，是根据当地潮湿、寒冷的特点而发明的一种非常有创意的吃法。干锅菜的变化很多，既可以用来制作素菜，也能用来烧制荤菜，其浓郁的干锅滋味和菜肴本身独特、诱人的口感，更让你感觉到这种烹饪手法的独特魅力。在湖南，干锅乳鸽、干锅手撕鸡都是广受人们喜爱的菜肴。

材料

乳鸽　1只
干辣椒　10克
花椒　适量
生姜片　5克
葱段　5克

调料

盐　3克
味精　1克
蚝油　5毫升
辣椒酱　适量
辣椒油　适量
料酒　5毫升
食用油　适量

做法演示

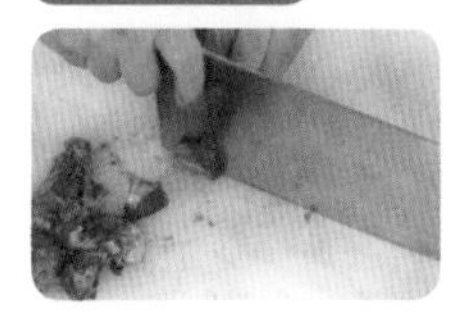

❶ 将洗净的乳鸽斩块。

❷ 起油锅，倒入鸽肉翻炒2～3分钟至熟。

❸ 倒入生姜片、花椒、干辣椒翻炒至入味。

❹ 加少许料酒炒匀，倒入少许清水。

❺ 加盖焖煮片刻。

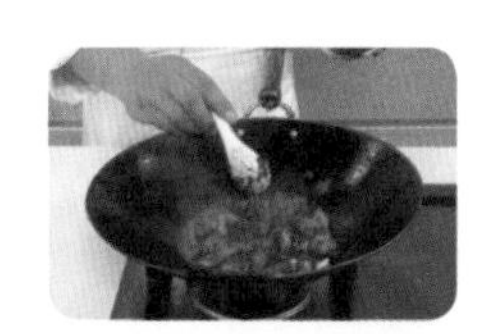

❻ 揭盖，加盐、味精、蚝油、辣椒酱拌匀调味。

❼ 淋入适量辣椒油拌匀。

❽ 撒入葱段炒匀。

❾ 出锅即可。

制作指导

- 鸽肉先煸香，再焖，这样成菜味道会更好。
- 焖鸽肉的时候，要经常翻动，防止粘锅。
- 如果喜欢鸽肉软绵的味道，焖制的时间可以延长。
- 优质的鸽肉肌肉有光泽，脂肪洁白；劣质的鸽肉，肌肉颜色稍暗，脂肪也缺乏光泽。

补肾益气
散结通经

鸽肉

螃蟹

养生常识

- ★ 鸽肉味咸，性平，肉质细嫩，含有粗蛋白质和少量无机盐等成分。
- ★ 鸽肉对老年人、体虚病弱者、学生、孕妇及儿童有恢复体力、愈合伤口、增强脑力和视力的功用，但是性欲旺盛者及肾功能衰竭者应尽量少吃或不吃。
- ★ 乳鸽骨内的软骨素可与鹿茸中的软骨素相媲美，经常食用，具有改善皮肤细胞活力，改善血液循环的作用；乳鸽含有的支链氨基酸和精氨酸可促进体内蛋白质的合成，加快创伤愈合。

荷包蛋炒肉片

11分钟　保肝护肾
辣　一般人群

几乎每个人都喜欢鸡蛋，因为它具有极强的可塑性和搭配性，能做出一道道名为“蛋炒一切”的菜。荷包蛋炒肉片将荷包蛋和猪瘦肉混搭，感觉很别致，口感非常具有层次感。有菜有肉又有蛋，好吃又营养全面，让这道菜非常富有生活气息，开胃下饭。

材料

猪瘦肉　200克
鸡蛋　2个
青椒片　15克
朝天椒　10克
姜片　10克
蒜末　10克
葱白　5克

调料

盐　3克
味精　1克
水淀粉　适量
生抽　3毫升
老抽　3毫升
蚝油　5毫升
料酒　5毫升
香油　适量
辣椒酱　适量
食用油　适量

食材处理

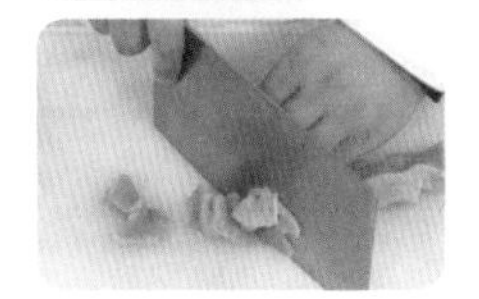

❶将瘦肉洗净，切片。

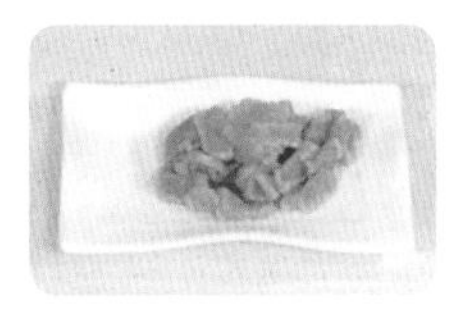

❷将瘦肉片装盘。

❸加老抽、料酒、盐、味精、水淀粉拌匀腌渍。

做法演示

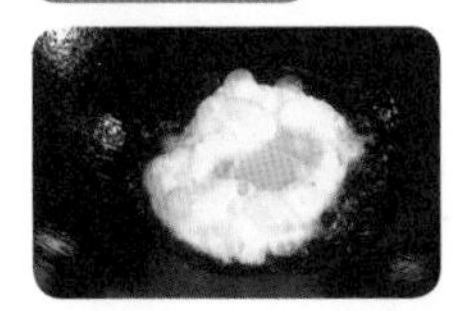

❶热锅注油，打入鸡蛋，小火煎至两面呈金黄色。

❷盛出鸡蛋，待凉后将荷包蛋切成块。

❸起锅热油，倒入肉片炒熟，加辣椒酱炒匀。

❹倒入姜、蒜、葱段炒香。

❺放入青椒、朝天椒炒匀。

❻荷包蛋入锅翻炒片刻，加盐、味精、蚝油、生抽调味。

❼用少许水淀粉勾芡。

❽淋上香油即成。

制作指导

- 煎荷包蛋时，要选择新鲜的蛋。
- 煎荷包蛋时，要等底部凝固了再翻面，动作要轻且快，否则容易把蛋黄铲破。

食物相宜

增强人体免疫力

鸡蛋

干贝

滋阴润肺

鸡蛋

紫菜

清热除烦

鸡蛋

芹菜

青椒拌皮蛋

3分钟　开胃消食
辣　女性

青椒拌皮蛋这款小菜简单易做，风味独特，是佐酒的美味。这道典型的家常菜，是餐桌上出现次数最多的菜式之一，无论是配稀饭还是配干饭，都很好吃。而且，青椒含维生素 C 丰富，爽口且有益健康！

材料

皮蛋	2个
青椒	50克
蒜末	10克

调料

盐	3克
味精	2克
白糖	5克
生抽	10毫升
陈醋	10毫升

食材处理

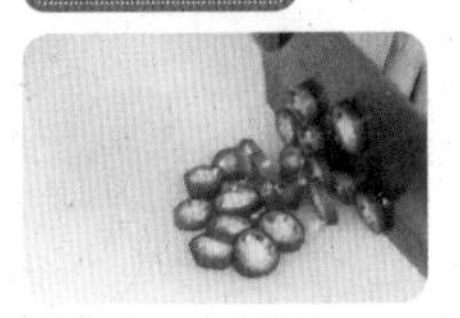

❶ 将洗净的青椒切成圈。

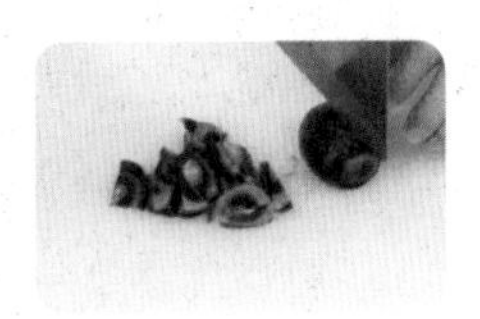

❷ 将已去皮的皮蛋切成小块儿。

做法演示

❶ 锅中加适量清水烧开，倒入青椒，搅散。

❷ 煮半分钟至熟。

❸ 将煮好的青椒捞出，沥干水分。

❹ 将青椒圈与皮蛋丁装入碗中。

❺ 倒入蒜末。

❻ 加入盐、味精、白糖、生抽。

❼ 倒入陈醋。

❽ 拌约 1 分钟，使其入味。

❾ 将拌好的材料盛入盘中即可。

制作指导

- 食用皮蛋时，加点陈醋，既能杀菌，又能中和皮蛋的部分碱性，食用时更加美味。
- 皮蛋一周吃一次即可，不要多吃。

养生常识

★ 皮蛋性凉，味辛，具有解热、去肠火、治牙疼、去痘的作用。中医认为皮蛋可缓解眼疼、牙疼、耳鸣眩晕等症状。

食物相宜

美容养颜

青椒

+

芦荟

促进肠胃蠕动

青椒

+

蕨菜

促进食欲

青椒

+

油麦菜

第5章

鱼香虾辣

湖南的水产更是丰富，像淡水鱼中的鲢鱼——头大多胶质，是剁椒鱼头的好材料；草鱼——肉厚尾大，是鲜吃腌渍的好鱼种。不管吃什么鱼虾，用什么方法吃，根本之道就是“食得其时，食得其鲜”。

剁椒鱼头

13 分钟　　健脾开胃
辣　　一般人群

剁椒鱼头，是很有来历的湖南名菜，传说其与清代著名文人黄宗宪有关。清朝雍正年间，黄宗宪到湖南避难，在一农户家借住，女主人为了节约食材，将辣椒剁碎后与鱼头同蒸，吃后感觉非常美味。剁椒鱼头就这样传了下来。看似普通的菜肴中包含着无数智慧，从选料就看得出来，茶油、剁椒均以本地特产为最佳，这样方能将鱼头的“味鲜”发挥到极致。

材料

鲢鱼头	450 克
剁椒	130 克
葱花	5 克
葱段	5 克
蒜末	5 克
姜末	5 克
姜片	5 克

调料

盐	2 克
味精	1 克
蒸鱼豉油	适量
料酒	5 毫升
食用油	适量

食材处理

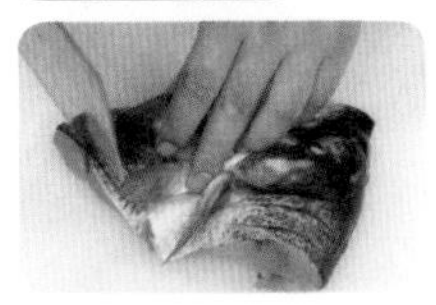

❶ 将鱼头洗净，切成相连的两半，在鱼肉上划“一”字刀。

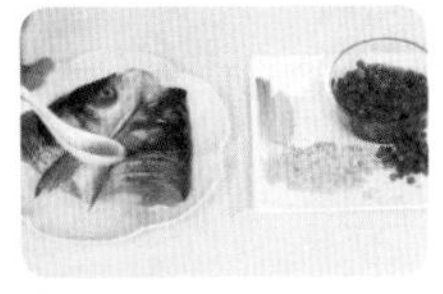

❷ 用料酒抹匀鱼头，鱼头内侧再抹上盐和味精。

❸ 将剁椒、姜末、蒜末装入碗中。

❹ 加入少许盐、味精抓匀。

❺ 将调好味的剁椒铺在鱼头上。

❻ 将鱼头翻面，铺上剁椒、葱段和姜片腌渍入味。

做法演示

❶ 蒸锅注水烧开，放入鱼头。

❷ 加盖以大火蒸约 10 分钟至熟透。

❸ 揭盖，取出蒸熟的鱼头，挑去姜片和葱段。

❹ 淋上蒸鱼豉油。

❺ 撒上葱花。

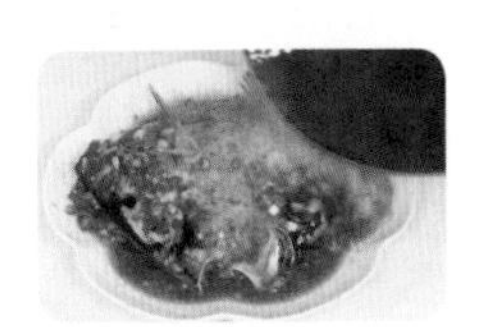

❻ 起锅入油烧热，将热油浇在鱼头上即可。

制作指导

- 要待水烧开后再放入鱼头蒸，鱼眼突出时，鱼头即蒸熟。
- 蒸鱼时加入点蒸鱼豉油，味道更棒。

食物相宜

美容养颜

鲢鱼

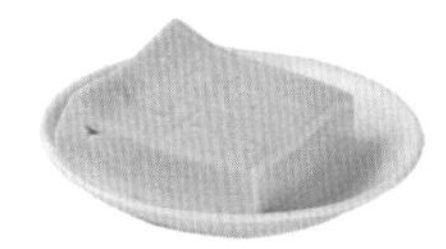

豆腐

健脑益智

鲢鱼

+

青椒

养生常识

★ 鲢鱼能提供丰富的胶质蛋白，既能健身，又能美容，是温中补气、暖胃、泽肌肤的养生鱼类。适用于脾胃虚寒体质、便溏、皮肤干燥者，也可用于脾胃气虚所致的乳少等症。

剁椒蒸鱼尾

10 分钟　开胃消食
辣　男性

俗话说：吃淡水鱼就要吃“鲢鱼头，草鱼尾”。因为草鱼尾的活动能力比较强，这个部位的肉质最好，吃起来滑嫩爽口，很能体现草鱼的味道。这道菜选用草鱼身上肉质最好的尾部，这和剁椒鱼头选用鲢鱼头有异曲同工之妙，都是取其精华，食其美味。

材料		调料	
草鱼尾	300 克	盐	3 克
剁椒	50 克	味精	1 克
西蓝花	300 克	鸡精	1 克
姜末	5 克	芝麻油	适量
红椒末	20 克	淀粉	适量
葱花	5 克	胡椒粉	适量
		食用油	少量

食材处理

❶ 将鱼尾取骨，斩成长块。

❷ 将鱼尾肉切长块，摆入盘中。

❸ 将洗净的西蓝花切瓣。

❹ 剁椒加味精、鸡粉、红椒、姜、淀粉、芝麻油拌匀。

❺ 将拌好的剁椒淋在鱼尾上。

做法演示

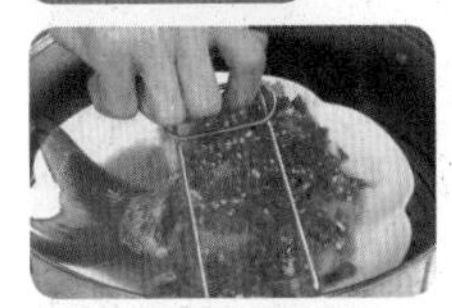

❶ 将盘移到蒸锅。

❷ 加盖蒸 7 ~ 8 分钟。

❸ 待鱼尾蒸熟后取出。

❹ 锅中倒入清水烧热，加油、盐、西蓝花煮约 1 分钟捞出。

❺ 将西蓝花围边。

❻ 撒上葱花。

❼ 撒入胡椒粉。

❽ 锅中加油，烧热，将热油浇在鱼尾上。

❾ 即可食用。

食物相宜

增强免疫力

草鱼

豆腐

祛风、利尿、平肝

草鱼

冬瓜

腊八豆烧黄鱼

10 分钟　开胃消食
鲜　一般人群

香辣味浓的腊八豆和清淡鲜嫩的黄花鱼是那么地默契搭配：口感爽辣，香醇扑鼻，鱼肉滑嫩而咸甜适度，让人越吃越停不下筷！腊八豆烧黄鱼，对于“重口味”的湖南人来说，实在是一道下酒又下饭的好菜。不得不让人感叹：湘菜如此多娇！

材料		调料	
黄鱼	450 克	盐	4 克
腊八豆	100 克	料酒	5 毫升
姜片	20 克	水淀粉	适量
葱段	20 克	鸡粉	1 克
红椒	20 克	味精	1 克
		食用油	适量

做法演示

❶将处理干净的黄鱼抹盐、淋上料酒，腌渍 10 分钟。

❷锅热油，倒入少许姜片。

❸下入腌好的黄鱼。

❹煎至两面金黄，放入余下的姜片和葱段。

❺注入适量清水。

❻放入腊八豆，煮片刻至沸腾。

❼加盐、味精、鸡粉、料酒调味。

❽盖上盖，小火焖煮约 5 分钟至入味。

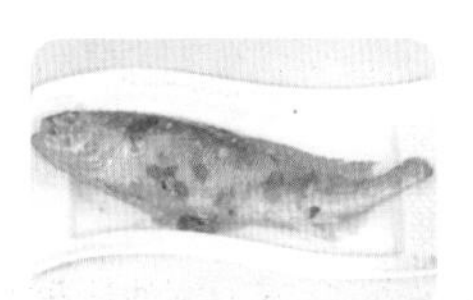

❾将煮好的黄鱼盛出，在盘中摆好。

❿在原锅中加水淀粉调成芡汁。

⓫倒入红椒炒匀，即成味汁。

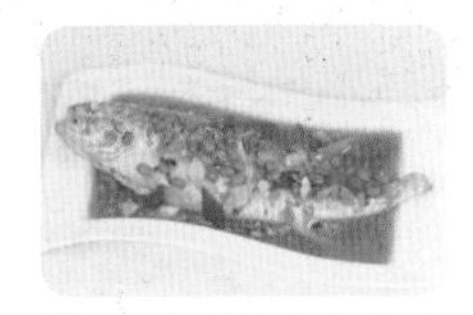

⓬将味汁淋在鱼身上即成。

制作指导

- 腊八豆本身醇香味浓，依个人口味放盐，味精可以少放或不放。
- 平时用腊八豆制作汤类，可以加入香蒜。这两种食材搭配在一起，制作出的汤爽口又开胃。

食物相宜

增强免疫力

黄鱼

莼菜

对大肠癌具有辅助食疗的作用

黄鱼

乌梅

养生常识

★ 黄鱼对人体有很好的滋补作用，因其肉质中含有多种维生素、微量元素，蛋白质含量也很高。体质不好的人和中老年人，尤其适合食用黄鱼。

老干妈蒸刁子鱼干

35分钟　开胃消食
辣　一般人群

刁子鱼是长江流域特有的一种淡水鱼，在当地有“市筵刁子鱼，无刁不成席”的说法。新鲜的刁子鱼肉质细嫩，鲜美无比，煎炸至熟透，骨刺也变得酥脆，连肉带刺一起嚼，颇有风味。肉质较少的小刁子鱼，腌渍后晾干，能直接当作零食来吃，韧劲儿十足，也便于保存。紧致而有韧性的刁子鱼干，加入老干妈蒸香，两种食材的香味充分融合，汤汁浓稠，味道非同凡响。

材料

刁子鱼干	200克
老干妈	40克
姜末	35克
蒜末	20克
辣椒圈	15克
姜丝	5克

调料

辣椒酱	适量
生抽	5毫升
食用油	适量

食材处理

❶ 热锅注油，烧至五成热。

❷ 倒入刀子鱼干。

❸ 炸至呈金黄色捞出装盘。

做法演示

❶ 锅底留油，倒入姜末、蒜末、辣椒圈。

❷ 加老干妈、辣椒酱炒香，制成酱料。

❸ 加生抽炒匀。

❹ 将炒好的酱料，浇在刀子鱼上。

❺ 撒上姜丝。

❻ 转到蒸锅。

❼ 盖上盖子，蒸约30 分钟。

❽ 揭盖后取出。

❾ 浇上热油即成。

制作指导

✪ 刀子鱼洗净后，最好用厨房纸将表面水分吸干，以免影响其香酥口感。

食物相宜

辅助治疗腹泻

刀子鱼

+

苹果

辅助治疗脚气

刀子鱼

土豆

养生常识

★ 生姜味辛、性微温，具有发汗解表、温中止呕、温肺止咳、解毒的作用。主治外感风寒、胃寒呕吐、风寒咳嗽、腹痛腹泻、中鱼蟹毒等病症。

剁椒武昌鱼

8分钟　开胃消食
辣　一般人群

这道剁椒武昌鱼是把清蒸武昌鱼和剁椒鱼头的做法结合了，味道非常不错。鱼肉肥美细腻，嫩如豆腐、香如蟹肉；汤汁鲜浓清香，十分爽口。虽说清蒸是对鱼的“最高礼遇”，但剁椒以它骨子里的家常亲切感战胜了最高礼遇的“高冷范儿”，成为家庭餐桌的“常客”。

材料

武昌鱼	1条
泡椒	40克
剁椒	40克
姜片	5克
红椒圈	20克
葱花	5克

调料

盐	3克
味精	1克
鸡粉	1克
胡椒粉	适量
淀粉	适量
生抽	3毫升
食用油	少量

食材处理

❶将处理好的武昌鱼切下鱼头、鱼尾，将鱼肉切片。

❷鱼片入碗，加盐、味精、鸡粉、胡椒粉拌匀。

❸将鱼片摆入盘中，再摆入鱼头、鱼尾。

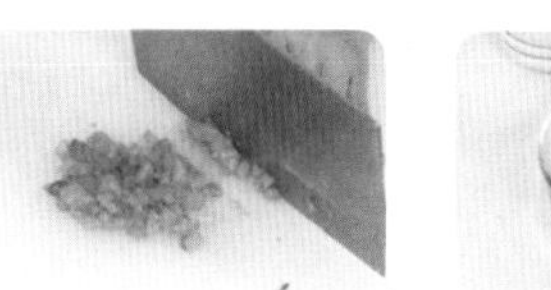

❹泡椒切碎备用。

❺将泡椒、剁椒、姜片一同放入碗中。

❻加入淀粉、盐、味精、鸡粉拌匀成调料。

❼再加入适量食用油。

❽将拌好的调料洒在鱼片上。

❾放上红椒圈。

做法演示

❶将鱼片放入蒸锅。

❷加盖，蒸约 7 分钟至熟。

❸揭盖，取出蒸熟的鱼片。

❹撒上葱花。

❺锅中加少许油，烧至五成热。

❻将热油浇在鱼片上，淋少许生抽即成。

养生常识

★ 泡椒俗称“鱼辣子”，具有色泽红亮、辣而不燥、辣中微酸的特点，可以增进食欲，帮助消化与吸收。

食物相宜

开胃消食

武昌鱼

尖椒

益气补肾

武昌鱼

枸杞子

益气温中

武昌鱼

生姜

孔雀武昌鱼

10分钟　降低血压
鲜　老年人

每逢佳节，鱼都是餐桌上的常客，带着喜庆祥和的寓意。孔雀武昌鱼就更是如此，虽然实质就是蒸武昌鱼换了个模样，做法也不新奇，武昌鱼鱼身较宽，制作造型非常漂亮，搭配青椒、红椒，做出来绝对有视觉冲击力。不管到哪里，这都绝对是个宴客的好菜。

材料

武昌鱼　1条
青椒　20克
红椒　20克
生姜　30克

调料

盐　3克
味精　1克
豉油　适量
食用油　适量

食材处理

❶将处理干净的武昌鱼切下鱼头、鱼尾、鱼鳍。

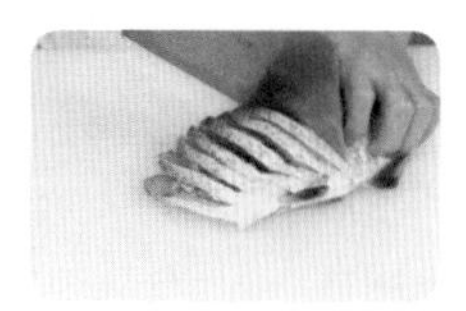

❷将鱼身切直刀片。

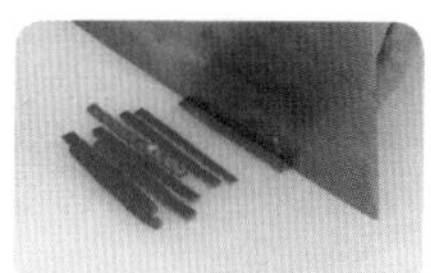

❸将红椒洗净切圈，部分切成丝。

❹将青椒洗净切成丝。

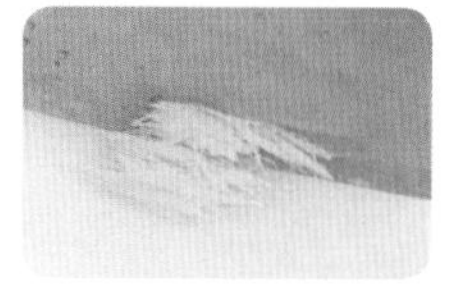

❺将去皮洗净的生姜切片，再切成丝。

❻将切好的材料分别装入碗中备用。

做法演示

❶鱼片装盘，铺平，点缀上红椒圈，青椒丝。

❷撒上盐、味精。

❸放上姜丝。

❹摆入鱼头。

❺转至蒸锅。

❻加盖，以大火蒸7～8分钟。

❼待鱼蒸熟后取出。

❽浇上豉油、熟油即成。

食物相宜

促进食欲

武昌鱼

＋

香菜

养生常识

★ 生姜性温，其特有的姜辣素能刺激胃肠黏膜，使胃肠道充血，增强肠胃消化能力，能有效地治疗吃寒凉食物过多而引起的腹胀、腹痛、腹泻、呕吐等。

★ 中医讲究冬吃萝卜夏吃姜，姜在炎热时节有排汗降温、提神等作用，可缓解疲劳乏力、厌食、失眠、腹胀等症状。在夏天，适当吃些生姜，还可以抑治肠胃细菌的滋生，杀灭口腔致病菌。

★ 生姜还有健胃、增进食欲的作用。

椒香黄鱼块

2分钟　增强免疫力
辣　一般人群

椒香黄鱼块是一道经典家常菜，看似平凡无奇，却每次都被一抢而空。炸过的黄鱼块，皮脆肉嫩，金灿灿的外衣和那弥漫在空中的香气让人怎么也不舍得放掉它！更何况黄鱼这种蛋白质含量很高的食物，还具有美容美体的作用，怎能不让人喜爱！

材料		调料	
黄鱼	200 克	料酒	5 毫升
干辣椒末	5 克	盐	3 克
葱花	5 克	辣椒油	适量
青椒末	20 克	食用油	适量
红椒末	20 克		
面粉	适量		

食材处理

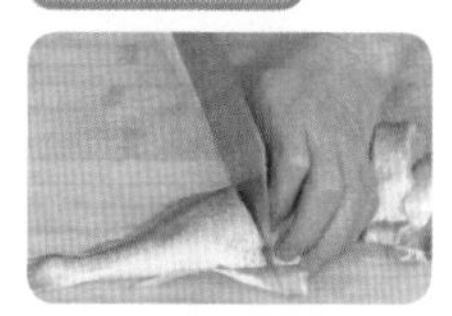

❶将宰杀处理干净的黄鱼切成块。

❷把鱼块放入盘中，加料酒、盐拌匀。

❸撒上面粉，沾裹均匀。

❹锅中加油烧至六成热，放入切好的黄鱼块。

❺炸约1分钟至鱼块呈金黄色。

❻捞出沥油。

做法演示

❶热锅注油，倒入青椒末、红椒末煸香。

❷倒入炸好的黄鱼块。

❸倒入部分干辣椒末。

❹淋入少许辣椒油拌炒均匀。

❺倒入少许葱花。

❻翻炒均匀。

❼用筷子将鱼块夹入盘中。

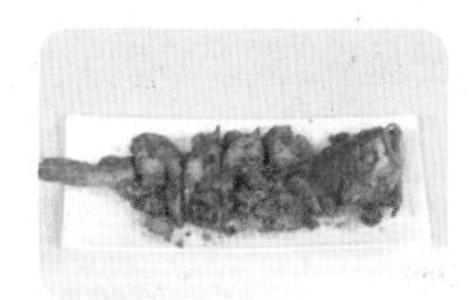

❽将剩余的干辣椒末撒在鱼身上即可。

食物相宜

强健身体

黄鱼

荠菜

健脾益气

黄鱼

红菜薹

养生常识

★ 黄鱼含有丰富的微量元素硒，能清除人体代谢产生的自由基，能延缓衰老。

韭菜花炒小鱼干

3分钟　开胃消食
辣　儿童

韭菜花炒小鱼干是一个创新搭配。韭菜花的清香气息、小鱼干的香酥鲜嫩都让人难以抗拒，吃起来绝对是无上享受。春天的韭菜花特别香，最鲜嫩可口，杜甫就有“夜雨剪春韭，新炊间黄粱”的诗句。因此，这道菜也是春菜中的经典，吃后总是满口留香，意犹未尽。

材料

小鱼干	40克
韭菜花	300克
姜片	5克
蒜末	5克
红椒丝	20克

调料

盐	3克
味精	2克
水淀粉	10毫升
白糖	3克
生抽	5毫升
料酒	适量
食用油	适量

食材处理

❶ 将洗净的韭菜花切成约 3 厘米长的段。

❷ 热锅注油，烧至五成熟，倒入鱼干。

❸ 炸片刻后捞出。

做法演示

❶ 锅底留油，倒入姜片、蒜末爆香。

❷ 放入鱼干、料酒炒匀。

❸ 加白糖、生抽炒匀。

❹ 倒入韭菜花、红椒丝。

❺ 炒约 1 分钟至熟。

❻ 加盐、味精，炒匀调味。

❼ 加水淀粉勾芡。

❽ 加少许熟油炒匀。

❾ 盛出装盘即可。

制作指导

- 韭菜花必须冷藏，放在常温下极易变黄变质。
- 买韭菜花时要选择花半开，花梗儿较嫩的。

养生常识

★ 生姜中的姜辣素进入体内后，能产生一种抗氧化本酶，它有很强的对付氧自由基的本领，比维生素 E 还要强得多。所以，吃姜能抗衰老，老年人常吃生姜可除老年斑。

食物相宜

可缓解感冒和胃寒呕吐

姜

+

柑橘

清热和胃，降逆止呕

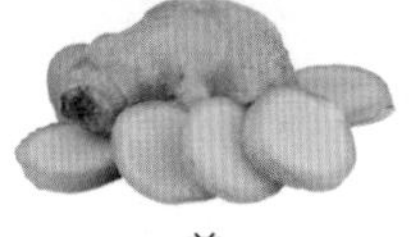

姜

+

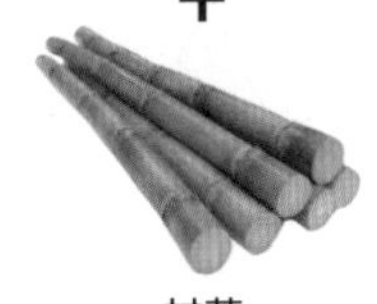

甘蔗

补脾养血

姜

红茶

蒸巴陵腊鱼

18 分钟 开胃消食
咸 一般人群

春播夏长，秋收冬藏。每到冬季，湖南的许多家庭都会熏制很多腊味食品，如腊肉、腊鱼等。这是一道味道互补的湖南特色菜，用豆豉蒸巴陵腊鱼的做法，将汁浓味鲜的豆豉与熏香味的腊鱼融合到一起。这道菜做法简单，随手拈来的简单蒸煮，就能尽享美食的幸福滋味。

材料

巴陵腊鱼	500 克
姜末	20 克
辣椒面	20 克
豆豉	20 克
葱段	15 克
红辣椒丝	20 克

调料

老抽	3 毫升
白糖	2 克
料酒	5 毫升
味精	1 克
食用油	适量

食材处理

❶ 将洗净的腊鱼斩成大块，将鱼块斩成小件。

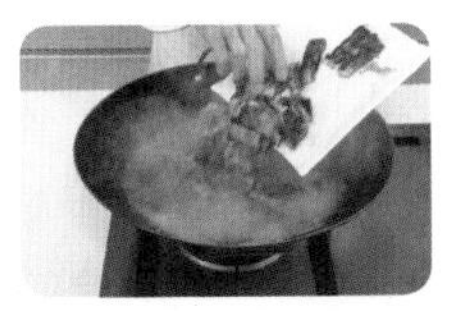

❷ 将小件的鱼块放入沸水锅中，煮约 15 分钟。

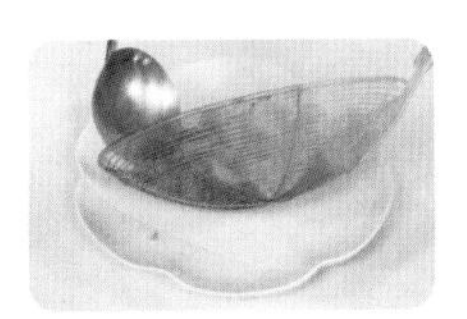

❸ 用漏勺捞出，去掉杂质后装入盘中。

做法演示

❶ 热锅注油，加姜末爆香。

❷ 放入豆豉炒香。

❸ 加辣椒面、老抽、白糖、味精、清水，炒约 1 分钟。

❹ 将炒制调好的味汁浇在腊鱼上。

❺ 撒上葱段、红椒丝。

❻ 将腊鱼转至蒸锅。

❼ 淋上少许料酒，蒸 15 分钟。

❽ 取出腊鱼，浇上热油即可。

制作指导

- 挑选腊鱼时，先要看腊鱼是否去鳞，好的腊鱼一定是没有鱼鳞的。另外，最好选择用草鱼制作的腊鱼。

食物相宜

开胃消食

腊鱼

豆豉

养生常识

- ★ 豆豉可解表除烦，用于发热、恶寒头疼、胸中烦闷、恶心欲呕等。
- ★ 豆豉具有助消化、增强脑力、提高肝脏解毒能力的作用。
- ★ 豆豉含有大量能溶解血栓的尿激酶，还有 B 族维生素和抗生素，可预防老年痴呆症。

酒香腊鱼

5分钟　开胃消食
咸　一般人群

腊鱼是非常适合蒸食的，可以最大限度地保留其独特的烟熏味道。加入红酒一起蒸制腊鱼，则可使红酒的香甜味道慢慢渗透到腊鱼中，使腊鱼的咸香口感中又多了几分酒香，再加上鱼本身淡淡的烟熏味，吃起来很是让人惊喜。

材料		调料	
腊鱼	250克	料酒	5毫升
红酒	60毫升	生抽	3毫升
葱结	5克	水淀粉	适量
姜片	5克	食用油	适量
葱段	5克		
干辣椒段	3克		

食材处理

❶ 锅中注入适量清水，放入腊鱼煮沸。

❷ 锅中加入葱结和少许姜片，淋入料酒。

❸ 加盖煮约 5 分钟至腊鱼变软。

❹ 捞出煮好的腊鱼。

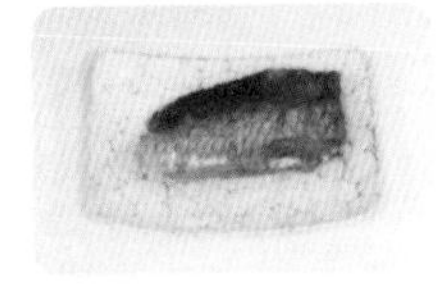

❺ 沥干装入盘中备用。

❻ 将煮软的腊鱼斩成小件。

做法演示

❶ 热锅注油，下入干辣椒、葱段和余下的姜片爆香。

❷ 倒入少许红酒。

❸ 放入腊鱼，淋上余下的红酒。

❹ 翻炒均匀。

❺ 加入生抽，煮约 1 分钟至腊鱼入味。

❻ 将鱼块盛入盘中摆好。

❼ 原汤汁留锅中。

❽ 置火上后用水淀粉调成芡汁。

❾ 浇入盘中，摆好盘即成。

食物相宜

开胃消食

腊鱼

+

豆豉

增加食欲

腊鱼

+

白菜

养生常识

★ 饮用红酒对皮肤有益。红酒中的萃取物，可控制皮肤的老化。

★ 红酒对产后身材恢复有一定作用。女性在怀孕时体内脂肪的含量大幅度增加，产后喝一些葡萄酒，其中的抗氧化剂可以防止脂肪的氧化堆积，对身材的恢复很有帮助。

青蒜焖腊鱼

6分钟　开胃消食
咸　一般人群

烹饪的学问博大精深，同一种食材采用不同的烹制方法就会有不一样的口感和风味。正如腊鱼，以其独特的烟熏味道赢得了众多食客的青睐，切割后蒸食是一种滋味，加入青蒜焖制味道就会更胜一筹。焖好的腊鱼块色泽金黄，融合了青蒜的独有香气，鱼肉吃起来紧实而有嚼劲，是一道非常美味的下酒菜。

材料

腊鱼	150克
蒜苗	20克
胡萝卜片	20克
姜片	5克

调料

盐	3克
味精	1克
蚝油	5毫升
料酒	5毫升
水淀粉	适量
芝麻油	适量
食用油	适量

食材处理

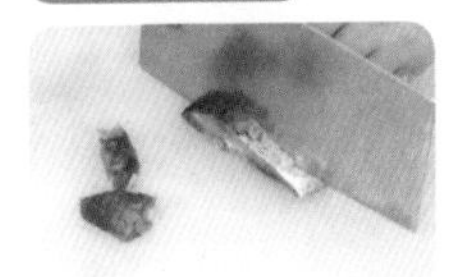

❶ 将腊鱼洗净切块。

❷ 将蒜苗洗净切段，蒜叶、蒜梗分开。

❸ 将切好的腊鱼、青蒜苗装入盘中。

做法演示

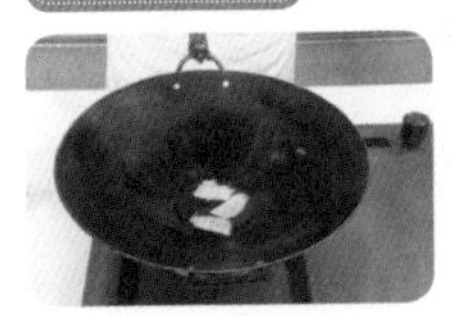

❶ 热锅注油，放入姜片爆香。

❷ 倒入腊鱼。

❸ 翻炒均匀。

❹ 淋入料酒。

❺ 倒入蒜苗梗。

❻ 拌炒 2 ~ 3 分钟至熟。

❼ 加少许盐、味精、蚝油炒匀调味。

❽ 加水淀粉勾芡。

❾ 倒入蒜叶和胡萝卜炒匀。

❿ 淋入少许芝麻油炒匀。

⓫ 出锅盛入盘内即可食用。

食物相宜

促进食欲

腊鱼

生姜

散瘀消肿

腊鱼

＋

茄子

养生常识

★ 青蒜性温，味辛，含有蛋白质、胡萝卜素、硫胺素、核黄素等营养成分。

★ 青蒜能保护肝脏，诱导肝细胞脱毒酶的活性，可以阻断亚硝胺致癌物质的合成，对预防癌症有一定的作用。

★ 青蒜有良好的杀菌、抑菌作用。

腊八豆香菜炒鳝鱼

3分钟　增强免疫
咸香　孕产妇

腊八这个节日对很多人意味着吃，不仅有腊八粥、腊八蒜，湖南人还会制作腊八豆。在腊月制作腊八豆，不仅代表着美好祝福，也增添了过节的气氛。做出的腊八豆易于保存，而且非常下饭。用它和鳝鱼、香菜搭配，香气扑鼻，吃起来绝对是种享受。如果把鳝鱼换成腊肉，风味就更足了。

材料

鳝鱼	200克
香菜	70克
腊八豆	30克
姜片	5克
蒜末	5克
彩椒丝	20克
红椒丝	20克

调料

生抽	3毫升
豆瓣酱	适量
料酒	5毫升
盐	3克
味精	1克
淀粉	适量
食用油	适量

食材处理

❶ 将处理好的鳝鱼切块。

❷ 将洗净的香菜切段。

❸ 鳝鱼加入盐、味精、料酒拌匀。

❹ 撒上淀粉拌匀，腌渍 10 分钟。

❺ 锅中加清水烧开，倒入鳝鱼。

❻ 汆水片刻捞出。

❼ 热锅注油，烧至四成热，倒入鳝鱼。

❽ 滑油片刻捞出。

做法演示

❶ 锅底留油，倒入姜片、蒜末、彩椒丝、红椒丝、腊八豆。

❷ 倒入鳝鱼，再加入料酒炒香。

❸ 加生抽、豆瓣酱炒匀。

❹ 放入香菜。

❺ 拌炒至熟透。

❻ 盛入盘中即可。

食物相宜

补血养肝

鳝鱼

+

金针菇

增强免疫力

鳝鱼

+

韭菜

豆豉鳝鱼片

4分钟 保肝护肾
辣 男性

新鲜的鳝鱼用来爆炒，味道鲜嫩，而豆豉更让这种味道锦上添花，不仅闻上去喷香，吃起来更是爽口，回味无穷。对于爱吃鱼的人来说，鳝鱼绝对是难以割舍的，肉质鲜美，既有蛇肉的筋脆，又有泥鳅的鲜香，无论是爆炒还是炖汤，都嫩滑爽口，那种难以形容的口感，实在难以被替代。

材料

鳝鱼	200克
青椒	30克
红椒	30克
豆豉	10克
蒜末	5克
姜片	5克
葱白	5克

调料

盐	2克
味精	1克
鸡粉	1克
淀粉	适量
白糖	2克
蚝油	5毫升
老抽	3毫升
料酒	5毫升
水淀粉	适量
食用油	适量

食材处理

❶把洗净的红椒切片。

❷将洗净的青椒切片。

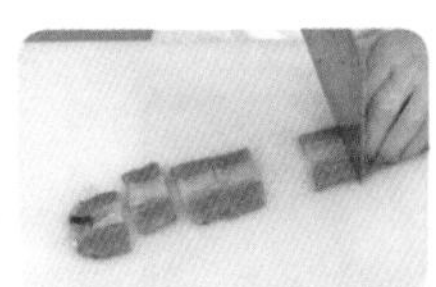

❸将宰杀好的鳝鱼切成片。

❹鳝鱼片加料酒、盐、味精拌匀。

❺撒入淀粉拌匀，腌渍 10 分钟入味。

❻热锅注油烧热，倒入鳝鱼，滑油片刻后捞出。

做法演示

❶锅留底油，下入姜片、蒜末、葱白、豆豉炒香。

❷倒入青椒片、红椒片炒匀。

❸倒入鳝鱼片炒匀。

❹加入少许料酒炒至熟。

❺加入盐、味精、鸡粉、白糖、蚝油、老抽调味。

❻加少许水淀粉勾芡。

❼将勾芡后的菜炒匀。

❽盛入盘内即可。

食物相宜

美容养颜

鳝鱼

松子

降低血糖

鳝鱼

+

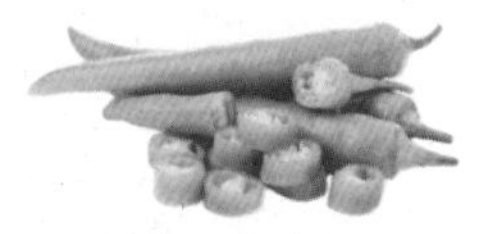

青椒

串烧基围虾

3分钟　保肝护肾
辣　男性

串烧基围虾看似平淡无奇，但新鲜的虾与调料的各种香味完美融合，红彤彤的颜色像极了爷爷两杯酒下肚后泛着笑的脸庞。细细品尝，香辣可口的基围虾回味悠长。这道菜将食材的美味发挥到了极致，连虾皮都带着丰富的味道。

材料

基围虾	200 克
红椒	15 克
辣椒面	适量
蒜末	5 克
葱花	5 克

调料

盐	3 克
味精	2 克
食用油	适量

食材处理

❶ 将洗净的基围虾剪去头须。

❷ 将红椒洗净切成粒。

❸ 用竹签将基围虾穿起。

做法演示

❶ 热锅注油，大火烧热，放入基围虾。

❷ 炸 1 分钟至金黄色捞出。

❸ 起油锅，倒入蒜末、葱花煸炒香。

❹ 再放入红椒末同炒。

❺ 放入基围虾。倒入辣椒面炒匀。

❻ 加盐、味精翻炒均匀。

❼ 基围虾取出摆盘。

❽ 撒上锅底余料即可。

食物相宜

补脾益气

虾

+

山药

益气、下乳

虾

葱

制作指导

- 去虾线很简单，只需要用牙签从虾身的倒数第一节与倒数第二节中间穿过，然后向上挑断虾线即可。

附录

做好湘菜的诀窍

选一口好炒锅

一、什么材质的炒锅好

研究表明，用铁锅烹饪蔬菜能减少蔬菜中维生素 C 的损失。研究者以黄瓜、西红柿、青菜、卷心菜等 7 种新鲜蔬菜做实验，结果发现：使用铁锅烹熟的菜肴，保存维生素 C 含量明显高于使用不锈钢锅和不粘锅。研究者认为，从增加人体维生素 C 摄入和健康角度考虑，应首选铁锅烹饪蔬菜。铝锅炒菜虽也能保留较多的维生素 C，但溶出的铝元素对健康不利。

此外，菜炒熟时放盐比未熟时放盐可以保存更多的维生素 C，还能减少蔬菜中水分的渗出，保证其口味鲜嫩。经常用铁锅炒菜，对预防缺铁性贫血有益处。

二、选购炒锅的窍门

看：看锅面是否光滑，但不能要求光滑如镜，由于铸造工艺所致，炒锅都有不规则的浅纹。一般情况下，炒锅都有些粗糙，这是不可避免的，用久了就会变得光滑。有疵点、小凸起部分的一般是铁材质的特点，对锅的质量影响不大，但小凹坑对锅的质量危害较大，购买时需仔细察看。

听：厚薄不均的锅不好，购买时可将锅底朝天，用手指顶住锅凹面中心，用硬物敲击。锅声越响，手感振动越大者越好。另外，锅上有锈斑的不一定就是质量不好，有锈斑的锅说明存放时间长，而锅的存放时间越长越好，这样锅内部组织能更趋于稳定，初用时不易裂。值得提醒的是，铁锅的锅耳最好是用木头或其他隔热材料包裹的，如果是铁锅耳容易烫手。

三、使用炒锅注意事项

使用前要除去铁锅怪味

新铁锅在使用前要先除去铁锅的怪味，可以在锅里加上盐，将盐炒成黄色，然后在锅内加水和油再煮开；要除掉腥味，可在锅内放少许茶叶，加水煮一下；如要除铁味，则可放些山芋皮煮一下。

不宜煮酸性果品

不宜用铁锅煮杨梅、山楂、海棠等酸性果品。因为这些酸性果品中含有果酸，遇到铁后会引起化学反应，产生低铁化合物，人吃后可能引起中毒。煮绿豆也忌用铁锅，因为豆皮中所含的单宁质遇铁后会发生化学反应，生成黑色的单宁铁，并使绿豆的汤汁变为黑色，影响味道及人体的消化吸收。

炒菜选对油

一、不同油品的基本特点

葵花籽油：葵花籽油中含丰富的必需脂肪酸和不饱和脂肪酸，由于含有丰富的亚油酸，有帮助人体调节新陈代谢、保护血压稳定及显著降低胆固醇、防止血管硬化和预防冠心病的作用。同时，它还含有丰富的活性维生素 E，可以活化毛细血管，促进血液循环。精炼葵花籽油适合温度不太高的炖炒，不宜用于煎炸食品。

花生油：含丰富的油酸、卵磷脂和维生素 A、维生素 D、维生素 E、维生素 K 及生物活性很强的天然多酚类物质，可降低血小板凝聚，降低胆固醇水平，预防动脉硬化及心脑血管疾病。花生容易污染，而黄曲霉素所产生的毒素具有强烈的致癌性，因此粗榨花生油很不安全。在购买时一定要到正规商店或超市，挑选有品牌保证的高级花生油。花生油富含单不饱和酸和维生素 E，热稳定性较强，因此是品质优良的高温烹调油。

大豆油：优点是营养均衡，经济实惠。大豆油是世界上产量最多的油脂。大豆油的脂肪酸构成较好，它含有丰富的亚油酸，具有显著地降低血清胆固醇含量、预防心血管疾病的作用，大豆中还含有大量的维生素 E、维生素 D 以及丰富的卵磷脂，对人体健康非常有益。另外，大豆油的人体消化吸收率高达 98%，且价格便宜，性价比较高。但大豆色拉油不耐高温，所以不适合用于强火爆炒和煎炸食品。

玉米油：是从玉米胚中提取的一种高品质的食用植物油，人体吸收率可达 97% 以上；含有丰富的天然抗氧化剂维生素 E，还能帮助降低人体内胆固醇的含量，增强人体肌肉和心脏、血管系统的机能，提高机体的抵抗能力。玉米油的热稳定性很强，可以用于炒菜和煎炸。

调和油：是将两种或两种以上的精炼油脂按一定比例调配制成的食用油，将营养与美味融合，给消费者提供更好的口感和更丰富的营养。适合日常炒菜使用。

橄榄油：所含的单不饱和脂肪酸是所有食用油中最高的一类，它有良好的降低低密度胆固醇、提高高密度胆固醇的作用，所以有预防心脑血管疾病，减少胆囊炎、胆结石发生的作用。橄榄油还含维生素 A、维生素 D、维生素 E、维生素 K、胡萝卜素，对改善消化功能、增强钙在骨骼中沉着、延缓脑萎缩有一定的作用。橄榄油在各种烹调油中价格最为高昂，因为我国所销售的橄榄油主要靠进口供应。橄榄油的优点在于，其中富含单不饱和脂肪酸——油酸。据研究证实，亚酸、亚麻酸等多不饱和脂肪酸容易在体内引起氧化损伤，过多食用不利于身体健康；饱和脂肪酸容易引起血脂的上升。而作为单不饱和脂肪酸的油酸则避免了两方面的不良后果，而且具有良好的耐热性。买橄榄油最好选特级初榨的，品质最好。橄榄油具有独特的清香，可用来炒菜，但最高温度不宜超过 190℃，用于凉拌会使食物增加特殊的香味。

猪油：含较高的饱和脂肪酸，吃得太多容易引起高脂血症、脂肪肝、动脉硬化、肥胖等。但猪油不可不吃，因为其所含胆固醇是人体制造类固醇激素、肾上腺皮质激素、性激素和自行合成维生素 D 的原料。猪油中的 α－脂蛋白能延长寿命，这是植物食用油中所缺乏的。

二、食用油的保存

食用植物油有“四怕”：一怕直射光，二怕空气，三怕高温，四怕进水。因此，保存食用油要避光、密封、低温、防水。每次用好后要将盖子旋紧，减少与空气接触的时间。最简单的方法是按油瓶的大小，用厚纸板（不透光）做一个油瓶罩，往上面一扣，就解决了避光的问题。尽量买小包装的油品，缩短存放时间，吃油是越新鲜越好，存放的时间越长，其氧化酸败的危险性越大。家中人口多的可以买 5 升装的，一般三口之家买 2.5 升或更小的比较合适。用完了再买，不要怕麻烦。另外，过期的食用油不可继续食用，因为抗氧化剂消耗殆尽，氧自由基的反应就会以惊人的速度进行。

三、食用时注意事项

- **要经常调换品种**

没有一种油是十全十美的，应根据自身的健康状况、烹调习惯、经济条件等，有目的地选择，经常调换品种，达到油品消费多样化。不同的食用油各有其优点，花生油、玉米油、大豆油、菜籽油、橄榄油、茶油等经常换着吃，可以取长补短。

- **不管用哪种油，炒菜油温不宜过高**

一是食用油烧到冒烟时，温度一般已达到 200℃以上，不仅油中所含的脂溶性维生素破坏殆尽，且人体必需的各种脂肪酸也遭到大量氧化，从而大大降低了油脂的营养价值。同时，食材中的各种维生素，特别是维生素 C 也会遭到大量破坏，造成营养损失。

二是油温过高时，不但油脂自身所含脂溶性维生素被破坏，而且蔬菜中的水溶性维生素破坏更多，特别是维生素 C 在 70℃以上时就会被大量破坏。

三是油温过高时，油脂会氧化产生过氧化脂质，这种物质在肠道内会阻碍人体对蛋白质和氨基酸的吸收，如果在饮食中长期摄入过氧化脂质并在体内积蓄，则会加快人体的衰老速度，还可诱发癌症。油温过高，使油脂氧化产生过氧化脂质。这种物质不仅对人体有害，而且在胃肠道内，对食物中的维生素有相当大的破坏力，同时对人体吸收蛋白质和氨基酸也起着阻碍作用。因此，炒菜时油温不宜过高，特别是不要把油烧到冒烟时再下菜。一般正确的做法都是热锅冷油即可炒菜。

• 做菜时尽量少放油

很多人认为植物油多吃些没关系，实际上，食用不当的话，植物油也会导致高血压、高脂血症等心脑血管疾病。其实，营养素的供给应有一个合适的比例，例如每日摄入的脂肪供能占总能量的 20% ~ 30%，每日 50 ~ 65 克，除去日常摄入的肉鱼、奶蛋、大豆类、坚果等所含脂肪外，一个正常人每天植物油的摄入量不应超过 25 毫升。

• 选购时候要看清

在选购食用油时，应详细看清每瓶油的标签、品牌、配料、油脂等级、产品标准号、生产厂家、生产日期、保质期等。消费者还可通过气味、色泽、透明度和沉淀物四方面鉴别食用油的优劣。同时，要小心那些宣传有保健功能，夸大效果的食用油广告，或者是价格高得离谱的那些食用油。

肉类食材的挑选

所谓无肉不欢，爱吃肉可以说是人类的天性。肉类不仅给我们的身体提供了必要的营养，而且其丰富的口感和多变的味道，亦是我们无法抗拒的诱惑。一块好肉，在一道食谱中所扮演的角色至关重要。下面介绍常见肉类的挑选方法。

猪肉的挑选技巧

观察肉的颜色：健康并且新鲜的猪肉，瘦肉部分应该呈现出红色或者粉红色，光泽比较鲜艳，流出的液体较少。脂肪部分应该是白色或者乳白色，而且质地比较坚硬。

观察肉皮：健康的猪肉，肉皮上面应该没有任何斑点。

闻气味：新鲜并且健康的猪肉的气味是新鲜的肉味，并且带有微微腥味，不会有其他异味和臭味。

观察淋巴结：健康正常的猪肉的淋巴结的大小和数量上都应该是正常的，而且淋巴结横切面的颜色应该是淡黄色或者偏灰的颜色。

看弹性：正常情况下，新鲜猪肉的弹性比较好，手指按上去产生的凹陷会很快弹回来，而病猪和不新鲜的猪肉弹性都会下降。

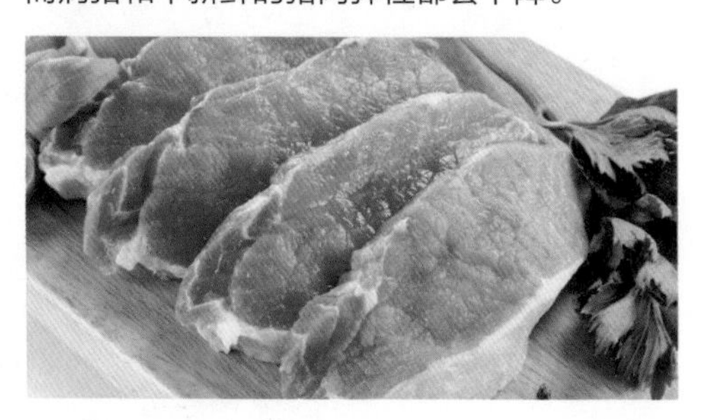

牛肉的挑选技巧

观察颜色：正常新鲜的牛肉肌肉呈暗红色，均匀、有光泽、外表微干，尤其在冬季，其表面容易形成一层薄薄的风干膜，脂肪呈白色或奶油色。而不新鲜的牛肉的肌肉颜色发暗，无光泽，脂肪呈现黄绿色。

摸手感：新鲜的牛肉富有弹性，指压后凹陷可立即恢复，新切面肌纤维细密。不新鲜的牛肉指压后凹陷不能恢复，留有明显压痕。

闻气味：新鲜牛肉具有鲜肉味儿。不新鲜的牛肉有异味甚至臭味。

此外，要学会鉴别注水牛肉：牛肉注水后，肉纤维更显粗糙，暴露纤维明显；因为注水，使牛肉有鲜嫩感，但仔细观察肉面，常有水分渗出；用手摸肉，不黏手，湿感重；将干纸巾放在牛肉表面，纸巾很快即被湿透。而正常牛肉摸起来不黏手，放在纸巾也不会透湿。

羊肉的挑选技巧

看色泽：鲜羊肉肌肉有光泽，红色均匀，脂肪洁白或淡黄色，肉质坚硬而脆。不新鲜的羊肉肌肉颜色稍显暗淡，脂肪缺乏光泽，且气味有明显的羊肉膻味，稍有氨味或酸味。

摸手感：鲜羊肉用指压后，立即恢复原状。不新鲜的羊肉则不能完全恢复到原状。

试黏度：鲜羊肉外表微干或有风干膜，不黏手。不新鲜的羊肉外表干燥或黏手，切口的截面上有湿润现象。

看羊肉汤：鲜羊肉汤透明澄清，脂肪团聚于肉汤表面，具有羊肉特有的香味和鲜味。不新鲜的羊肉汤稍有浑浊，脂肪呈小滴状浮于肉汤表面，香味差或无香味。

鸡肉的挑选技巧

新鲜的鸡肉，表面富有光泽，肌肉切面也具有光泽，且具有鲜鸡肉的正常气味；肉体表面微干，不黏手，用手指压肉后的凹陷可以立刻恢复。不新鲜的鸡肉，表面色泽晦暗，体表和腹腔内可以嗅到不舒服的气味甚至臭味，表面黏手、腻滑，用手指压肉后的凹陷恢复很慢或者不能完全恢复。

优质冻鸡肉，解冻后和优质鲜鸡肉相似，肉的表面和切面有光泽，表面不黏手，具有正常气味，不过用手指压后恢复慢，不能完全恢复。劣质冻鸡肉，解冻后，肉的表面和切面都没有光泽，头颈部呈暗褐色，表面黏手，指压后凹陷不但不能恢复，还容易因此把鸡肉戳破。劣质冻鸡肉的体表和腹腔内具有不舒服的气味。

购买鸡肉时，要注意鸡肉的外观、色泽、质感。新鲜、卫生的鸡肉块大小相差不多，白里透红，有亮度，手感光滑。如果鸡肉注过水，肉质会显得特别有弹性，皮上有红色针点，周围呈乌黑色。用手指在鸡的皮层下一掐，会明显感到打滑。注过水的鸡用手摸会感觉表面高低不平，好像长有肿块，而未注水的鸡摸起来很平滑。

鱼类的挑选技巧

1. 鲤鱼：一看体形。受污染的有毒鱼眼睛浑浊，无光泽，有的甚至向外鼓出。二看鱼鳃。有毒鱼的鱼鳃不光滑，较粗糙，呈暗红色。三闻气味。正常的鱼有明显的腥味，受污染的鱼则气味异常。

2. 草鱼：选购时以草鱼体色茶黄，嘴部略圆，眼球外凸、明亮清澈，鳃盖紧闭，鳃片红色或粉红色，腮片污损者为劣质品。

3. 鲢鱼：选购时应挑选那些活泼但不是特别好动的鱼，那些特别好动的鱼可能是因缺氧或生病快死的鱼。

4. 鳝鱼：优质的鳝鱼体表呈黄褐色，表皮无破裂，手感光滑有黏液。鳝体硬朗，流动活泼，大小均匀，肉质有弹性，闻起来有鳝鱼独特的腥味。

5. 鲫鱼：鲫鱼一般体长 15~20 厘米，体侧扁，背部隆起，高而宽，腹部圆。头短而小，身体两侧有明显的侧线。

6. 黄鱼：选购时注意不能只看颜色，关键在于鱼的眼珠。如眼珠凸出，没有异色，就表明较新鲜；而眼珠深凹，且混有黄色等异色，可能是涂了人工合成色素。

虾的挑选技巧

1. 体形弯曲。目前，很多朋友们都不太喜欢选择体形弯曲的虾来食用，主要是因为这样的虾一般看上去个头都比较小，而且不容易去壳。可是大家并不知道，新鲜的虾是头尾完整，头尾与身体紧密相连，虾身较挺，有一定的弹性和弯曲度的，如果您选择的虾头与体、壳与肉相连松懈，头尾易脱落或分离，不能保持其原有的弯曲度，那么它很可能是不新鲜的虾。

2. 体表干燥。鲜活的虾体外表洁净，用手摸有干燥感。但当虾体将近变质时，虾壳之下分泌黏液的颗粒细胞崩解，大量黏液渗到体表，摸着就有滑腻感。如果虾壳黏手，说明虾已经变质。

3. 颜色鲜亮。虾的种类不同，其颜色也略有差别。新鲜的明虾、罗氏虾、草虾发青，海捕对虾呈粉红色，竹节虾、基围虾有黑白色花纹略带粉红色。如果虾头发黑就是不新鲜的虾，整只虾颜色比较黑、不亮，也说明其已经变质。

4. 肉壳紧连。新鲜的虾壳与虾肉之间黏得很紧密，用手剥取虾肉时，虾肉黏手，需要稍用一些力气才能剥掉虾壳。新鲜虾的虾肠组织与虾肉也黏得较紧，假如出现松离现象，则表明虾不新鲜。

5. 没有异味。新鲜的虾有正常的腥味，如果有异味，则说明虾已变质。此外，吃虾时要注意安全卫生。虾可能带有耐低温的细菌、寄生虫，即使蘸醋、芥末也不能完全杀死它们，因此建议熟透后食用。吃不完的虾要放进冰箱冷藏，再次食用前需加热。

常用切菜技巧

“厨以切为先”。看着案板上待切的菜，感觉无从下手？下面就教你几招，用不同的刀法切不同的菜，切菜也是需要技巧的。

牛肉、羊肉

牛肉、羊肉属于老肉，也就是肉的纤维纹理比较粗、比较长一些。为了避免粗糙的口感，在切牛肉、羊肉时候要用横切法，让它们又粗又长的纤维纹理变得短一些，嚼起来比较轻松，相对来说口感就好。特别是七八成熟的时候，肉的纤维最有韧性，把它横切，使肉的纤维变短，变得松散些，口感会更好些。

鱼肉

鱼肉是最嫩的，按道理来讲，不管怎么切都应该没事，但是鱼肉里面有刺，为防止鱼刺卡住喉咙，这就要求我们顺着鱼纹切，也就是顺着鱼刺的方向，从鱼头后面入刀，切口贴着鱼刺向鱼尾方向切，这样切正好把鱼刺分离出来，卡喉的机会就小多了。

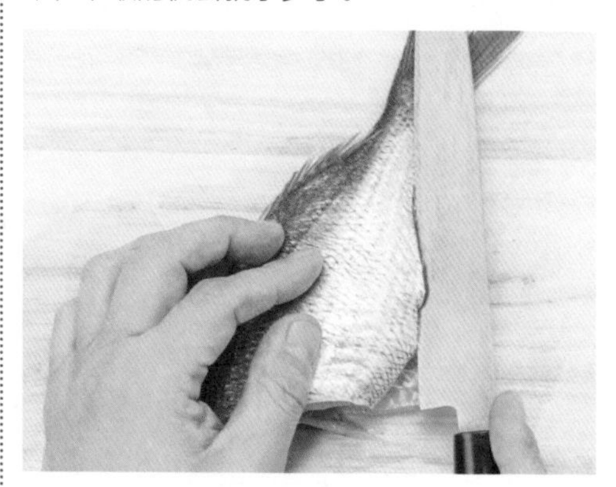

猪肉、鸡肉

猪肉、鸡肉的肉质介于牛肉、羊肉和鱼肉之间，不太粗糙也不太嫩滑。切猪肉、鸡肉最好用斜切法，刀口与肉的纹理成45度夹角。这样切既不松散，又保证了肉的口感。

切丁

需要把肉、蘑菇切成丁时，先将肉、蘑菇切成1厘米长方条状，码齐，再切成1厘米的方形，不大不小正好1厘米即可，这样汤汁味道能全部入透，入味也均匀，生熟一致。此外，蘑菇要先把帽和秆分开，再切成丁。

切块

将五花肉切块时，由于猪五花肉厚度大概6厘米，一般无须再从中间剖两半。将肉平放在案板上，垂直入刀，和肉的纤维成90度直角，既容易入味，又滑嫩。

切片

白菜、竹笋、鱼类等食材切片时，先将这些食材平放到案板上，刀和案板成45度夹角切下去，大小厚度保持一致，入味均匀，较短时间内做好即可。

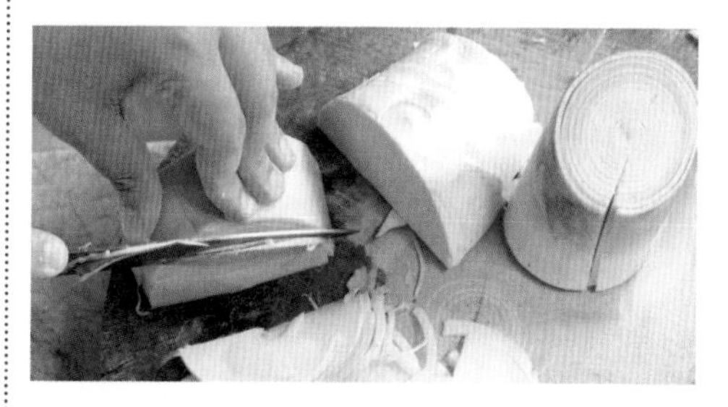

斜切片

大葱一般多用这样的切法。下刀前，先将大葱平放在案板上，刀板平放在大葱上，用力压一下，把原来圆筒形的大葱压扁，防止斜切时来回滑动。大葱本身也是挺滑的，再加上圆筒形状。刀口与大葱成45度角切下去，厚薄要均匀，一是好看，二来方便下一道工序炒菜用。这里把大葱单独列出说明，是因为大葱用得多，很多菜都要用到它。此外，芹菜也应这样切。

剁蓉（蹈蓉）

一般是调味的蔬菜需要剁蓉的多些，如大蒜、姜等。可先切成片状，接着切成丝状，再横切成小粒，把它收集到一块用刀剁，剁到汁液溢出来即可。另外一种办法是，用蒜臼捣成蓉，大蒜放入蒜臼内，再放入适当的盐，盐起到增加摩擦的作用，蹈的时候蒜不至于溅出来。用蒜锤上下使劲捣，汁液溢出，成糊状，蓉就捣好了。

切丝

黄瓜、土豆、萝卜、姜等切丝时，要先横切成片状，然后重叠斜码在案板上，与案板成45度角，左手按住，不要让食材滑动，再切成细丝即可。

切花

腰花、鱿鱼等需要切成菱形花时，要把腰花平放在案板上，刀和案板成平行状，用手掌平放在腰花上，刀口由外到里来回向前平切，腰花一刀两半，切开的两半再平切，然后切成菱形花，最后切成1.5厘米的长条形，也就成形了。

此外，切制食材时还应注意：

第一，切制原料要粗细薄厚均匀，长短相等一致。否则原料生熟不一致。

第二，凡经过刀工处理的原料，不论丝、条、丁、块、片、段，必须不连刀。

第三，注意主辅料形状的配合和原料的合理利用。一般是辅料服从主料，即：丝对丝，片对片，辅料的形状略小于主料。用料时要周密计划，量材使用，尽可能做到大材大用，小材小用，细料细用，粗料巧用。